세상은 어떻게 시작되었나?

세상은 어떻게 시작 되었나?

우주, 은하, 태양계, 시간, 생명, 종, 인류

야자와 사이언스 오피스 지음 | 장석봉 옮김

바다출판사

고대 그리스 시대부터 인류는 사물이 언제 어떻게 생겨났고, 오늘날까지 어떤 경로를 거쳐 진화하게 되었는지를 계속 생각해 왔다. 우리 인류는 언제 이 지구에 모습을 드러냈을까? 첫 생명은 언제, 어떻게 해서 태어났을까? 우리가 살고 있는 태양계나 수많은 별들, 그리고 그것들을 품은 수천억 은하는? 이러한 의문은 결국 우주 그 자체의 탄생과 관련된 수수께끼로까지 이어질 수밖에 없다.

왜 인간은 이러한 근원적 질문을 품는 것일까? 그것은, 지금 여기에 있는 자신이라는 존재가 도대체 어디에서 왔는지 알고 싶다는 욕망을 품는 것이 지성을 가진 생물의 특성이기 때문이 아닐까? 특히 서양 문명은, 단지 선조들의 계보가 언제 어디서 기원했는지를 찾는 것에 만족하지 않았다. 그들은 기원전부터 이 세계의 존재와 모든 사물이 어떻게 태어나 존재하게 되었는가를 계속 탐구해 왔다. 생명의 시작은, 인류의 시작은, 우주의 시작은, 시간의 시작은…….

그들은 처음에는 추상적 사고를 통해, 그러나 점차 관찰이나 실험이라는 실증적인 방법을 사용해 사물의 기원이나 구조를 해명하려 했다. 그것은 현대적인 과학 기법의 기원이기도 했다. 근대에 이르러 이러한 지적 탐구는 세계 최고의 지성이 몰두하는 필수 과제가 되었다. 그리고 사물의 기원을 탐구하는 데 인생을 바친 철학자나 과학자들, 즉 칸트, 다윈, 월리스, 오파린, 홀데인, 아인슈타인, 가모프 등의 이름은, 유례를 찾기 힘든 업적과 함께 근대 과학의 역사에 영원히 이름을 아로새기게 되었다.

이 책은 사물의 기원을 두고 여러 과학자들이 씨름한 주제 중 가장 근원적인 주제 일곱 개를 선택해, 그 각각이 어떻게 과학자들에 의해 고찰되고, 관측·실험으로 가설이나 이론을 구축하게 되었는지를 추적한 책이다. 주제 하나하나가 모두 근원적이고 본질적이기 때문에, 지금까지 그 의문들이 완전히 해명되었다고는 할 수 없다. 게다가 자연은 그것을 쉽게 허락할 정도로 단순하지 않다.

그러나 철학자나 과학자들이 몰두한 의문이나 주제를 추적해 가는 동안, 우리는 그 최종적인 해답이 어느 지점쯤에 와 있는지를 느낄 수 있었다. 이 책에 실린 '모든 것의 시작'은 인간의 지성과 과학의 역사가 현재 도달해 있는 지점이라고 해도 좋다.

이 책은 다섯 명의 필자가 썼다. 그중 한 명인 나가노 게이 교수는 진화 이론의 역사를 총괄하는 권위 있는 연구자이자 해설자이고, 다른 네 명은 과학 분야 전체를 꾸준히 조감하는 과학 저널리스트이다. 그들은 복잡하고 난해한 주제를 다양한 독자들에게 알기 쉽게 이야기하기 위해, 열의와 에너지를 쏟아 부었다.

이 책이 독자의 지적 호기심을 자극하고, 과학의 역사를 이해하는 데 조금이나마 도움이 된다면, 필자의 한 명으로서 크게 기쁠 것이다.

차례

1장

우주는 어떻게 시작되었나?

모든 사물의 맨 처음, 그리고 '최초 중의 최초'는 말할 필요도 없이 우주의 시작이다. 우주가 탄생하고 거기에서 수많은 은하가 형성되었으며, 태양계가 만들어져서 지구상에서 생명이 출현했고, 인류를 탄생시키는 서막이 되었다. 그렇다면 처음의 우주는 언제 어떻게 해서 시작되었을까? 은하는? 그리고 태양계는? 이것은 인간이 생각할 수 있는 가장 근원적이고 가장 장대한 시작의 과학이다.

라디오 프로그램에 등장한 '대폭발 이론'

약 4000년 전, 고대 바빌로니아 왕국(현재의 이라크 남부) 사람들은 우주가 거대한 정원이라고 생각했다(그림 1). 지상은 드넓은 물 위에 떠 있는 산이고, 그 위를 튼튼한 하늘 덮개가 덮고 있다. 하늘 덮개 위에도 물이 채워져 있어, 때로는 그 물이 흘러 비가 된다. 태양이나 달, 별은 동쪽에서 떠서 하늘 덮개의 안을 이동해 서쪽으로 진다.

고대 사람들도, 그리고 현대의 우리도 지금까지 밤하늘에 떠 있는 수천수만의 별들을 올려다보고, 우주가 어떻게 시작되었을지 생각해 왔다. 특히 고대 문명 시대에 살던 사람들은 우주의 시작은 '혼돈'이고, 우주적인 힘인 신들이 그 안에서 물질이나 형태를 만들어 내고, 질서를 조절한다고 믿었다.

우주 탄생에 관한 현대의 이론(우주론이라고 불린다)도, 어떤 의미에서는 고대의 우주 탄생 신화와 매우 비슷하다. 지금부터 140억 년 전에 온도와 밀도가 매우 높은 '불의 구슬'이 갑자기 폭발적으로 팽창하기 시작해 우주가 되었고, 그 우주가 팽창하면서 은하나 별들이 생겨났다는 것이다. 단 현대의 우주론에는 아직도 풀지 못한 여러

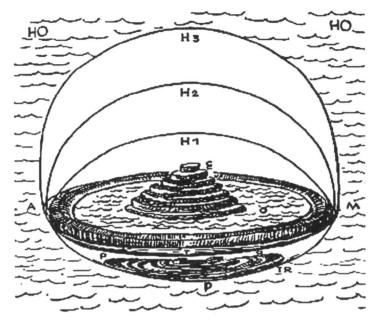

그림 1 고대 바빌로니아인들이 생각한 우주
구조가 꽤 복잡하다. 우선 먼 곳에 2층으로 이루어진 별들의 세계가 있고, 그 아래에 넓은 하늘이 펼쳐진다. 넓은 하늘 아래에는 인간이 사는 대지가 있고, 그 아래에는 지하 세계가, 그리고 죽은 자의 세계가 존재한다. 바빌로니아인들은 당시로서는 정밀한 관측과 기록을 토대로 이와 같은 우주의 모습을 상상했다.

가지 문제들이 있지만 그것들이 관측과 이론의 양면에 의해 지지되고 있다는 점에서, 고대 신화와 차이가 있다. 불의 구슬이 폭발적인 팽창에서 시작된다는 이 이론은 '대폭발 우주 모델'이라고 불린다. 대폭발, 즉 빅뱅Big Bang의 'Bang'은 대폭발을 나타내는 영어의 의태어, 즉 'BAAN'에서 왔다.

조금은 농담이 섞여 있는 것처럼 들리는 이 이름을 최초로 이야기한 사람은 영국의 천문학자 프레드 호일이었다. 그는 1950년에 BBC 라디오의 과학 프로그램에 출연했을 때, 당시 생겨난 지 얼마 안 된 이 이론을 "저것은 빅뱅 이론이다"라며 놀렸다. 이때 그가 말한 단

사진 1 프레드 호일
기사 칭호를 받은 영국의 천문학자
이자 우주론 학자이다. 1946년에
우주의 원소 합성에 대한 이론 연
구를 최초로 발표했다. 과학의 다양
한 분야에 걸쳐 업적을 쌓았으며,
정상 우주론, 우주 생명 기원설 등
의 독창적인 이론으로 알려져 있다.
사진: AIP

사진 2 아인슈타인
아인슈타인의 일반 상대성 이론은
우주의 탄생과 진화에 대한 현대
이론의 출발점이 되었다. 중력의
성질을 완전히 새로운 시각으로
설명한 그의 이론에 따라, 우주에
관한 견해는 크게 변했다.
사진: AIP

어가 이 이론의 정식 명칭이 되어 버린 것이다.

아인슈타인이 만들어 낸 새로운 우주론

우주의 기원에 관한 대폭발 이론의 원류로 거슬러 올라가면, 이 이론의 기초 혹은 출발점을 제공한 알베르트 아인슈타인, 그리고 우주가 팽창하고 있다는 것을 관측을 통해 발견한 미국의 저명한 천문학자 에드윈 허블 등과 만날 수 있다.

제1차 세계대전이 한창이던 1917년, 아인슈타인은 2년 전에 완성한 자신의 일반 상대성 이론을 이용해, 우주의 구조에 관한 역사상 최초의 과학적인 모델(가설, 이론)을 제안했다. 일반 상대성 이론은 뉴턴이 17세기에 만들어 낸 만유인력 이론(뉴턴 역학)에서 바뀐 중력 이론이다. 일반 상대성 이론에 따르면 중력은 '시공간이 휘어진 상태'이다(그림 2). 이 이론은 항성이나 은하 등 무거운(질량이 큰) 천체가 존재하면, 그 주위의 시공, 즉 3차원의 공간과 1차원의 시간이 휘어지고, 결과적으로 그 천체 부근을 통과하는 빛은 구부러진다고 예측하는 놀라움을 보여 주었다.

아인슈타인은 거대한 스케일에서 보면 우주의 구조나 상태는 중력에 의해 정해진다고 생각했다. 따라서 일반 상대성 이론의 중력 방정식을 풀면 그곳에서 우주의 모습이 떠오를 것임에는 틀림이 없었다. 그래서 그는 우주에는 어떤 방향으로 어디까지 가든 똑같은 은하나 별 들이 같은 밀도로 분포되어 있으며, 결국 "우주의 물질 밀도는 한쪽으로 쏠린다"라는 가정을 세우고 방정식을 풀어 보았다. 이렇게 해서 아인슈타인이 이끌어 낸 새로운 우주의 모습은, 전체가

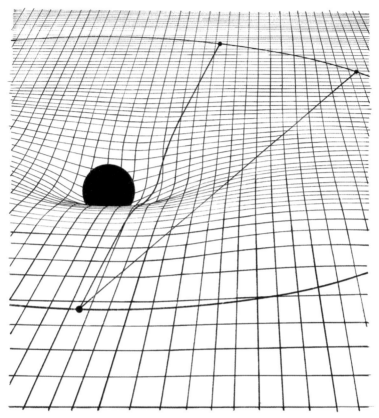

그림 2 **시공의 뒤틀림**
질량을 가진 물체는 고무 시트에 낙하한 무거운 공처럼 주위의 공간(4차원 시공)을 뒤틀리게 한다.

"닫힌 4차원 시공간"의 공球이라, 유한하기는 하지만 경계는 없는 것이었다.

이 "닫힌 시공간"이라는 사고방식은 당시에는 비상식적인 것이었다. 어쩌면 아인슈타인보다 이와 같은 우주의 모습을 더 강하게 뇌리에 각인시킨 과학자는 없었을 것이다. 16~17세기 독일의 요하네스 케플러 이후 근대 천문학 또는 근대 과학의 담당자들은 우주는

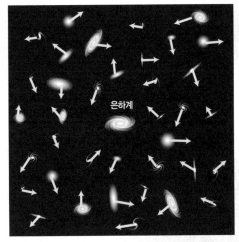

비등방적인 우주

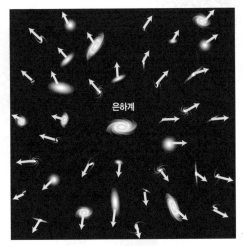

등방적인 우주

그림 3 비등방적인 우주와 등방적인 우주의 차이
현재의 우주론이 전제로 삼고 있는 우주 원리 중 하나인 '우주의 등방성(크게 보면 우주는 어떤 방향도
같은)'을 은하의 운동에 따라 설명하고 있는 그림이다. 위 그림에서는 어떤 방향의 은하는 우리(관측자)로
부터 멀어져 가고, 다른 방향의 은하는 우리에게 다가오고 있다. 허블의 법칙은 이와 같은 '비등방적 우주
(방향에 의해 물질 분포가 다른 우주)'에서는 도움이 되지 않는다. 아래 그림에서 은하는 우리와의 거리에
비례하는 속도로 후퇴하고 있고, 허블의 법칙과 들어맞는다. 이와 같은 우주는 매끄럽게 팽창하고, 어떤
방향도 같게 보이기 때문에 '등방적 우주'라고 불린다. 실제의 우주는 아래 그림과 같다고 생각된다.
출처: 마이클 자일릭, 《천문학》

무한하며 끝이 없다고 생각해 왔다. 하지만 아인슈타인의 이 모델에는, 그 자신이 곧 깨달은 하나의 문제가 있었다. 물질이 균일하게 분포하는 우주는, 한순간이라도 가만히 정지해 존재할 수 없다는 것이다. 왜냐하면, 중력이 천체 사이를 서로 끌어당기기 때문에, 우주 전체가 수축하고 결국에는 붕괴해 소멸되어 버리기 때문이다.

"우주가 팽창할 리 없다"

이 문제를 피해 가는 하나의 방법은, "우주는 팽창하고 있다"라고 생각하는 것이었다. 하지만 아인슈타인은 그것만큼은 피하고 싶었다. 우주가 팽창하고 있다면, 우주는 예전에는 지금보다 작았을 것이다. 그리고 과거로 시간을 거슬러 올라가면, 일찍이 우주 전체는 하나의 점, 그것도 시간과 공간과 물질의 전부를 집어넣을 수 있으며 바늘귀보다 작은 '특이점'이었어야만 한다. 바꿔 말하면 우리가 사는 우주는 그와 같은 하나의 점에서 시작된 것이다.

그러한 특이점의 세계에서는 우리가 배운 물리학은 전혀 통용되지 않는다. 물론 화학 등도 존재하지 않는다. 그곳에는 상상을 초월하는 초고밀도와 초고온의 에너지가 존재할 뿐이어서, 그 특이점이 어디에서 왔는지를 생각할 수조차 없다. 그래서 아인슈타인은 지금의 우주가 팽창하고 있다는 견해를 어리석은 것으로 여겼다.

고심을 거듭하던 아인슈타인은 고육지책으로 '우주 상수'라고 불리는 아이디어를 떠올린 후, 자신이 만들어 낸 중력장 방정식에 덧붙였다(그림 4). 우주 상수란 인력과 정반대의 힘, 즉 모든 것이 반발하는 힘으로, '만유척력'이라고 이름 지어졌다. 그것은 원심력과 똑

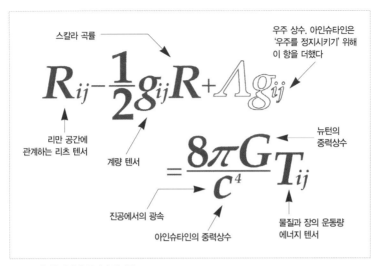

스칼라 곡률

우주 상수. 아인슈타인은 '우주를 정지시키기' 위해 이 항을 더했다

$$R_{ij} - \frac{1}{2}g_{ij}R + \Lambda g_{ij} = \frac{8\pi G}{c^4}T_{ij}$$

리만 공간에 관계하는 리츠 텐서

계량 텐서

진공에서의 광속

아인슈타인의 중력상수

뉴턴의 중력상수

물질과 장의 운동량 에너지 텐서

그림 4 **아인슈타인의 중력장 방정식**
아인슈타인은 스스로 생각한 중력장 방정식(아인슈타인 방정식이라고도 불린다)에 우주 상수 Λ(람다). 흰색 글씨)를 덧붙였다. 그가 나중에 이 일을 깊이 후회한 이야기는 유명하다.

같이, 두 개의 물체를 멀리 떨어져 있게 할 수 있을 만큼 강하게 작용한다. 이 척력이 중력과 제대로 잘 어울린다면, 우주는 정지한 채로 수축도 팽창도 하지 않고 안정적으로 존재할 수 있을 것이다.

이와 같은 우주라면, 수많은 별이나 은하가 우주 각각의 장소에 쭉 눌러앉은 채 시간과 함께 변화할 수 있다. 우주가 처음 생겨났을 때 무엇이 있었는지 물을 필요도 없고, '특이점'이라는 불가해한 점이 모습을 드러낼 일도 없다. 당시 아인슈타인은 이것이야말로 우주의 참된 모습이라고 확신했다고 한다. 하지만 과학자 중에는 선입견이나 편견 없이 아인슈타인의 방정식을 검토한 이들도 있었다. 그리고 만약 물질이 전혀 존재하지 않고 만유척력도 없는 우주의 모습을 아인슈타인의 방정식으로 풀면, 그 우주는 팽창해 버리고 만다는 것을 깨달은 과학자도 있었다.

　1922년, 러시아의 알렉산드르 프리드만은 우주 상수라는 것을 무리하게 적용하지 않아도 물질이 존재하는 우주가 끊임없이 팽창을 계속하고 있다고 볼 수 있으며, 따라서 우주가 지금 우리가 보는 것처럼 안정적으로 존재할 수 있다는 것을 발견했다.

　벨기에의 천문학자로 신부이기도 한 조르주 르메트르도 프리드만과 같은 결론에 도달했다. 그는 "우주는 단 하나의 '최초의 원자'에서 생겨난 후 계속해서 팽창하고 있다"고 주장했다. 이때 미국을 대표하는 신문 《뉴욕타임스》는, "르메트르, 우주는 모든 에너지를 포함해 단지 하나의 위대한 '원자'에서 시작되었다고 주장"이라고 대대적으로 보도했다.

　하지만 아인슈타인의 우주 모델도, 프리드만이나 르메트르가 이끌어 낸 우주 모델도, 당시의 좀더 우수한 과학자의 두뇌가, 종이와

사진 4 **조르주 르메트르**
빅뱅 우주의 원형인 '팽창하는 우주'라는
아이디어를 탄생시킨 벨기에의 르메트르는
물리학자이자 신부였다.
사진: AIP

연필을 사용해 만들어 낸 일반 상대성 이론의 수학적인 해답에 지나
지 않았다. 당시의 천문학 지식은 매우 제한적이었고, 천체 망원경
으로 관찰할 수 있는 것은 우리 태양계의 행성과, 태양계에 가까운
다른 항성, 거기서 좀더 나아가면 아득히 먼 곳에서 홀연히 빛나는
성운 정도였다. 이 정도로는 이론이 실제로 관측되는 우주의 모습과
일치하는지 아닌지 확인할 수가 없다. 바로 그 무렵, 이론가들만이
다루던 우주론에 결정적인 전기가 찾아왔다. 그것은 미국의 천문학
자인 베스토 슬라이퍼, 그리고 에드윈 허블의 천체 관측이 낳은 것
이었다.

　젊은 천문학자 슬라이퍼는 1910년대에, 미국 애리조나 주에 세워
진 로웰 천문대에서 성운을 관측했다. 이 천문대는 "화성인이 만든
운하"를 관측해 상세한 스케치를 남긴 것으로 유명한 천문학자 퍼시

벌 로웰이 세운 것으로 알려져 있다. 로웰은 태양계뿐만 아니라, 먼
곳의 성운에도 흥미를 가지고 있었다. 그래서 그는 슬라이퍼에게,
성운의 빛 속에 행성의 존재를 나타내는 것처럼 보이는 화합물의 스
펙트럼선˙이 있는지 조사하게 했다.

안드로메다성운의 스펙트럼을 관측한 지 3년 후, 슬라이퍼는 중
요한 발견을 했다. 안드로메다의 스펙트럼선을 분석하자, 이 천체가
관측자들 방향으로 이동하는 것처럼 보였던 것이다.

슬라이퍼는 20년에 걸쳐 40개 이상의 성운을 관측하고, 그 대부분

■ 가시광선 등 모든 전자파의 파장(대역)을 전자 스펙트럼이라고 한다. 빛을 프리즘에 통과시키면 다양
한 색의 빛이 나란히 생기는데, 그것도 스펙트럼이다. 별을 만드는 물질이 높은 에너지에서 낮은 에너지
로 변화할 때 방출되는 전자파는 방출 스펙트럼, 그와는 반대로 흡수되는 전자파는 흡수 스펙트럼이라고
한다. 그리고 스펙트럼을 형성하고 있는 하나하나의 선을 스펙트럼선이라고 부른다.

사진 6 로웰 천문대
퍼시벌 로웰은 10년 이상 걸려 직접 제작한 이 망원경으로 화성을 관측했다.
사진: 기요시 야자와

이 안드로메다와는 반대로 우리은하계에서 급속도로 멀어지는 것을 발견했다. 슬라이퍼가 이 결과를 미국 천문학회에 발표하자, 참석한 천문학자들은 모두 기립박수를 쳤지만, 아직은 아무도 그것이 뜻하는 바를 제대로 이해하지 못했다.

그런데 슬라이퍼의 관측 결과에, 한 사람이 강한 흥미를 느꼈다. 변호사이자 헤비급 권투선수이기도 했던 천문학자 에드윈 허블이었다. 그는 미국 남캘리포니아에 있는 윌슨 산 천문대에서 당시 세계 최대의 망원경으로, 밤마다 성운의 사진을 계속 찍었다. 중요한 촬영을 할 때마다 조수인 밀턴 휴메이슨(원래는 노새를 끌고 윌슨 산을 올라간 짐꾼)의 도움을 받기는 했지만 말이다.

허블은 슬라이퍼의 발견을 이어받아 자신들이 관측한 성운의 스펙트럼을 조사한 후, 그 데이터를 이용해 우리와 성운 사이의 거리, 그리고 성운이 우리에게서 멀어져 가는 속도(후퇴 속도)를 계산했다. 그리고 성운이 멀면 멀수록, 그것이 우리에게서 멀어지는 속도도 빠르다는 것을 발견했다. 이때 천문학자들이 주목한 것은 성운이라고 불리는 천체의 대부분이, 실제로는 당시 생각하고 있던 것보다 훨씬 멀리 있다는 점이다. 그것들은 우리은하계 바깥에, 그것도 훨씬 먼 곳에 있으며, 은하계와 같은 크기와 넓이를 가지고 있었다. 우주에는 은하계 말고도 무수한 '은하'가 존재하며, 우주는 당시 생각하고 있던 것보다 훨씬 크고 넓은 것으로 추정되었다. 이렇게 해서 당시까지만 해도 성운이라고 불리던 천체가 은하라고 불리게 되었다.

한편, 허블의 관측 결과가 우주론에서 좀 더 중요한 의미를 지니고 있음이 명백해졌다. 먼 은하일수록 멀어지는 속도가 빠르다는 것은, 수많은 은하가 각각 제멋대로의 방향과 속도로 운동하지 않고, 전체가 하나의 풍선이 부풀어 오르는 것처럼 통일적으로 운동하고

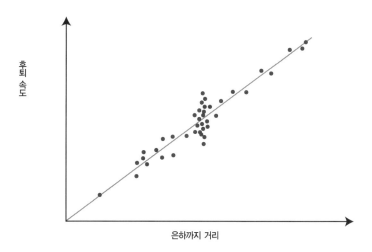

후퇴 속도

은하까지 거리

그래프 1 허블의 법칙
허블은 성운(후에 멀리 있는 은하인 것으로 알려졌다) 19개의 후퇴 속도와 거리 사이의 비례 관계를 알아 냈다. 훗날 '허블의 법칙'이라고 불리게 된 이 발견은 우리의 우주관을 완전히 바꾸어 놓는다(그림에는 변 광성도 포함되어 있다).

있다는 것이다. 이제 '우주는 팽창하고 있다'는 것이 관측을 통해 드러난 것이다.

우주는 아인슈타인이 생각했던 것처럼 정지해 있는 안정된 존재 가 아니라, 역동적으로 변화하고 있었다. 훗날 아인슈타인은 우주가 정지해 있음을 보이기 위해 도입한 우주 상수를, '내 인생 최대의 실 수'라고 후회했다(이 유령과 같은 우주 상수는 최근에 되살아나고 있다. 이 점은 나중에 다시 설명하겠다).

이렇게 해서 분명해진 은하까지의 거리와 후퇴 속도의 단순한 비 례 관계는, 곧 '허블의 법칙'이라고 불리고, 그 비례 상수는 '허블 상수'라고 불리게 된다. 허블 상수는 우주의 팽창 속도를, 그리고 그 역수는 우주의 나이를 나타낸다. 수학적인 모델에서 비롯된 팽창 우 주라는 견해가 허블의 관측에 의해 지지를 받아 단번에 과학 이론으

로 성장하기 시작했다. 훗날 허블이 '20세기 최고의 천문학자' 라고
불리게 된 것도 이 위대한 업적 때문이다.

처음 20분에 우주의 모든 물질이 생겨났다

얼마 후, 이러한 우주상에 더욱더 물리학적인 진화 시나리오를 결
합시킨 과학자가 나타났다. 바로 러시아 출신의 미국 물리학자 조지
가모프이다. 1948년, 가모프는 랄프 알퍼 및 한스 베티와 함께 〈알
파 베타 감마 이론〉을 발표했다. 그런데 별의 진화 이론과 원소 생성
이론으로 유명한 베티는 실제로는 이 연구에 참여하지 않았으며, 가
모프가 임의로 자신의 이름을 도용했다고 말했다.

이 논문에서 가모프는 우주가 "일렘ylem"(그리스어로 '최초의 물질'

사진 7 **조지 가모프**
러시아 출신 미국의 물리학자. 애초에
는 원자핵 붕괴 이론을 연구하고, 후에
별의 진화와 원소 합성을 연구하여 '빅
뱅 이론'을 도출한 것으로 유명하다.

사진 8 **아노 펜지어스와 로버트 윌슨**
팽창 우주의 제2의 증거가 된 '우주 배경 복사'를 발견한 펜지어스(앞)와 윌슨. 뒤에 보이는 것이 그들이
사용한 뿔형 안테나이다.
사진: AIP

을 의미한다)에서 시작되었다고 했다. 여기서 일렘이란 초고온의 중성자에서 생겨난 기체로, 붕괴해 양자와 전자, 더 나아가 중성미자로 변한다. 그 결과 우주는 중성자와 양자가 펄펄 끓는 바다가 된다. 그리고 그것들은 이 무시무시한 고열에서 융합되면서, 차례차례 무거운 원소를 만들어 낸다.

이렇게 이 일렘이 폭발한 후(후에 빅뱅이라고 이름 지어졌다) 겨우 20여 분 만에 우주에는 기본적인 모든 원소가 존재하게 된다. 이때 이후 우주는 팽창을 하면서 점점 차가워진다. 하지만 이 생리 뢴트겐 당량이 초고온으로 폭발할 때의 흔적은, 지금도 절대온도 5도(영하 268도) 정도의 어렴풋한 복사로 우주를 채우고 있다. 아인슈타인에서 시작된 이러한 우주 모델의 구축은 가모프가 물질 탄생의 이론을 덧붙임으로써 현대적인 과학 이론으로서의 모양을 갖추었다.

1960년대 벨 연구소의 아노 펜지어스와 로버트 윌슨이 전파 실험을 하던 중 우주의 온갖 방향에서 같은 파장의 전파(마이크로파)가 들어오는 것을 알아냈다. 우주론 연구자들은 이 관측 결과에 뛰어들었다. 절대온도 3도(약 영하 270도)에 해당하는 그 마이크로파야말로, 빅뱅 흔적의 복사, 즉 '우주 배경 복사'임에 틀림없다고 생각되었기 때문이다.

빅뱅 이론이 가진 '세 가지 난점'

그렇다면 빅뱅 이론은 이로써 우주의 탄생과 진화를 설명하는 진정한 이론이 된 것일까? 그렇지 않다. 지금도 이 이론은 몇몇 어려운 문제에 직면해 있다. 많은 연구자들이 이러한 어려움은 큰 문제가 아니므로 어떻게든 해결될 것이라며 이 이론을 지지했는데, 그중에는 이와 관련해 아직 해결되지 못한 채로 남아 있는 문제가 빅뱅 이론 전체를 근본적으로 뒤흔들게 될지도 모른다고 지적하는 천체물리학자나 우주론학자도 있다. 이 이론은 처음부터 세 가지 난점, 즉 '평탄성 문제', '특이점 문제', '지평선 문제'를 지니고 있었다.

첫째, 평탄성 문제란 실제 우주가 평탄하게 보이는 것과 관련된 문제이다. 앞서 언급한 프리드만은 중력 방정식에 대한 해답으로, 우주에는 세 가지 운명이 있다고 예언했다. 닫힌 우주, 평평한 우주, 열린 우주가 그것이다. 우주가 최종적으로 어떤 운명을 맞게 되는지

표 1 세 가지 문제

문제 1 우주의 평탄성과 관련된 문제

우주가 영원히 팽창해 가는지(열린 우주), 언젠가는 수축해 소멸하는지(닫힌 우주)는, 우주의 물질 밀도에 의해 결정된다. 실제 우주는 이 중간(평탄한 우주)에 있는 것처럼 보이지만, 이와 같은 우주를 만들어 내는 우주 발생 시의 초기치는, '임계 밀도'의 터무니없는 정밀도에 일치하지 않으면 안 된다. 그렇지만 우주 초기의 양자론적 동요를 생각하면, 그것은 완전히 불가능하다고 여겨진다(이것은 팽창 우주 모델에 의해 극복된다).

문제 2 특이점 문제

빅뱅 우주 모델은 발생 순간의 우주는 '점'이고, 거기에 현재의 우주 전부가 들어 있다고 한다. 그렇게 하면 크기가 없는 점은 온도와 밀도가 무한대인 '특이점'이 되고, 거기에서는 어떤 물리학도 통용되지 않고, 논의 대상조차 될 수 없다. 이와 같은 것이 왜 존재하고 어떤 때 갑자기 우주를 형성하는지를 이 모델은 답할 수 없다.

문제 3 지평성 문제

우주 배경 복사 온도(절대온도 약 3도)가 모든 하늘에서 항상 일정할까? 우주 발생부터 현재까지 빛이 도달할 수 있는 거리에는 한계가 있다(지평선 거리라고 한다). 이 거리 이상으로 떨어진 두 개의 영역은, 서로 어떠한 인과관계도 가질 수 없고, '지평선 저쪽'의 세계이다. 현재, 우리는 배경 복사가 가능하게 되었을 때 지평선 거리의 수십 배 이상 떨어져 있는 두 개의 영역을 동시에 관측할 수 있지만, 그것들의 온도는 정말 같다. 이것은, 발생 직후의 우주가 지평선 거리를 초월해 섞여, 온도가 균일화한 것 말고는 설명이 되지 않지만, 그것은 불가능한 것이다(이것도 팽창 우주 모델에 의해 이론적으로는 극복된다).

는, 우주에 존재하는 물질의 질량에 따라 결정된다. 만약 우주의 밀도가 일정한 '임계 밀도'보다 크면, 우주의 팽창 속도는 중력에 의해 차차 늦어져 결국 팽창을 멈춘다. 그 후 상황이 바뀌어 이제 우주는 수축을 시작해 결국 빅뱅과는 정반대의 순간(빅 크런치)을 맞아 소멸한다. 이것은 우주 전체가 블랙홀이 된다는 것을 뜻한다. 이처럼 우주는 일정 크기 이하로 닫히며, 이것을 '닫힌 우주'라고 한다.

이와 달리 우주의 물질 밀도가 임계 밀도보다 작으면, 우주는 계속 팽창해 점차 물질 분포가 희박해지다. 결국에는 어둠이 무한대로 확대된다. 이것이 '열린 우주'의 운명이다. 그리고 물질 밀도가 임계 밀도와 같다면, 우주는 영원히 팽창을 계속하고, 우주 시공의 곡률은 1(=평탄)이 되기 때문에 '평탄한 우주'라고 불린다. 현재의 우주는 지금까지의 관측에서 보는 한 평탄한 것으로 추정된다. 이것은 우주의 물질 밀도가 임계 밀도에 정확하게 일치해 있다는 것을 의미한다. 그리고 만약 그렇다면 우리가 살고 있는 우주는 도저히 불가능해 보이는 우연의 산물이 된다. 이것이 첫 번째 이론이 지닌 문제점이다.

둘째는 특이점 문제라고 불린다. 이것은 아인슈타인을 곤혹스럽게 만든 문제이다. 우주가 탄생한 순간에 존재했던 특이점은 밀도도 온도도 무한대이고, 어떤 물리학도 통용되지 않는다. 그런 불가해한 것이 왜 존재했을까? 그리고 셋째 문제는 '지평선 문제'라고 불린다. 우주 배경 복사는 모든 방향으로 일정하지만, 이는 물리학적으로 생각하면 이상한 것이다. 이것은 우주가 탄생하고 나서 현재까지 빛이 도달할 수 있는 거리에는 한계가 있다(지평선 거리). 이 거리 이상으로 떨어진 두 개의 영역은 서로 어떠한 인과관계도 가질 수 없는 '지평선 저 너머'의 세계이다.

닫힌 우주

평탄한 우주

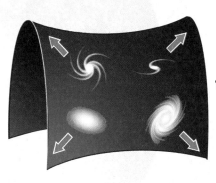

열린 우주

그림 5 우주의 세 가지 운명
우주의 운명은 그 물질 밀도에 따라 닫힌 우주, 평탄한 우주, 열린 우주 중 하나가 된다. 물질 밀도가 어느 일정한 수치(임계 밀도) 이상이면 우주는 수축하고(닫힌 우주), 임계 밀도 이상이 되면 영원히 팽창을 계속하고(열린 우주), 임계 밀도와 같아지면 계속 팽창하지만, 속도는 한없이 더뎌진다.

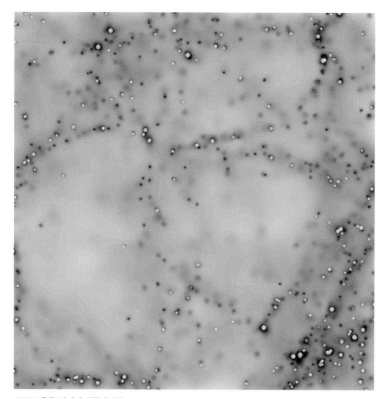

사진 9 **우주 빈터의 시뮬레이션**
우주에는 몇 억 광년이나 넓게 펼쳐진 은하(물질)가 거의 존재하지 않는 우주 '빈터void'라 불리는 영역
이 존재한다. 이것은 우주의 물질 분포가 완전한 한 가지가 아님을 보여 주고 있다. 위의 사진은 은하 분
포의 시뮬레이션이 묘사한 빈터이다.
사진: Galaxy Formation Group at MPA

　　현재 우리는 배경 복사가 생겨났을 때 지평선 거리의 수십 배 이
상 떨어진 두 개의 영역을 동시에 관측할 수 있지만, 그것들의 온도
는 일치한다. 이것은, 탄생 직후의 우주에서는 물질이나 시공간이
지평선 거리를 초월해 섞여서 만난 것을 뜻하고, 이는 빅뱅 이론의
예측과는 모순된다.
　　게다가 앞서의 지평선 문제는 제4의 문제로 이어진다. 현재의 우

주에는 은하나 별이 균일하게 존재하지 않는다. 은하의 대집단(초은하단)들 사이에는 은하가 거의 없는 우주 빈터cosmic void가 존재한다. 만약 배경 복사가 보여 주는 것처럼 우주가 균일하다면, 왜 이와 같은 대규모의 우주 구조가 생겨났을까?

급팽창 이론은 구세주인가?

사실 빅뱅 이론이 처음부터 지니고 있던 이런 심각한 문제점 중 적어도 일부는 다른 분야의 이론, 즉 소립자 이론과 통일 이론의 연구[*]를 기반으로 1980년대에 탄생한 어떤 이론에 의해 해결된 것처럼 보였다. 빅뱅의 구세주는 미국의 앨런 구스, 도쿄 대학교의 사토 가즈히코 등이 내놓은 '팽창 이론'이었다.

이 이론에 따르면, 우주는 탄생 직후 그곳에 차 있던 '진공 에너지'에 의해 무시무시한 속도로 팽창(급팽창)했다고 한다. 이때 진공은 한순간에 성질이 바뀌었다. 즉 물이 얼음으로 변하는 것처럼, 혹

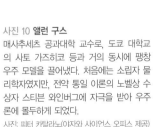

사진 10 **앨런 구스**
매사추세츠 공과대학 교수로, 도쿄 대학교의 사토 가즈히코 등과 거의 동시에 팽창 우주 모델을 끌어냈다. 처음에는 소립자 물리학자였지만, 전약 통일 이론의 노벨상 수상자 스티븐 와인버그에 자극을 받아 우주론에 몰두하게 되었다.
사진: 피터 카탈라노(야자와 사이언스 오피스 제공)

빅뱅

현재의 우주

그림 6 **빅뱅 우주**
빅뱅 우주 모델에 따르면 우주는 약 140억 년 전에 탄생한 후 팽창하면서 진화해 왔다고 한다. 그러나 팽창 속도를 토대로 계산하면, 우주의 대규모 구조(그레이트 월이나 보이드 등)는 빅뱅 이론이 예언하는 우주 나이보다 아득히 먼 옛날에 만들어진 것이 되어 버린다.
그림: 야자와 사이언스 오피스 제공

은 러시아 출신의 우주론학자 안드레이 린데의 말을 빌리면 '젤라틴이 굳어지는 듯한' 상전이**가 일어난 것이다. 그 결과 진공으로부터 잠열이 방출되어 우주는 '불의 구슬', 즉 빅뱅 우주가 되어 지금까지도 팽창을 계속하고 있다. 특히, 최근에는 급팽창 순간에는 진공의 상전이가 없었다는 견해도 나왔다. 어느 쪽이든 급팽창이 종료

■ 통일 이론 | 자연계의 네 가지 기본적인 힘인 전자기력, 약한 힘, 강한 힘, 거기에 중력을 같은 척도(통일장)로 이해하려는 이론이다. 전자기력과 약한 힘은 이미 통일되었다(=전약 통일 이론). 여기에 강한 힘을 통일시키려는 이론이 대통일 이론이며, 거기에 중력까지 통일시키는 궁극 이론에 관한 연구가 현재 진행되고 있다.
■ ■ 상전이相轉移 | 섭씨 0도를 경계로 물이 얼음으로 변하는 것처럼, 화학적이나 물리적으로 균일한 물질의 상태가 어떤 조건을 경계로 다른 상태로 변하는(전이하는) 현상을 상전이라고 한다. 아무런 물질이 포함되어 있지 않은 우주의 진공 상태에도 여러 가지 상이 있고, 진공이 서로 전이를 반복함에 따라 우주의 진화가 일어나는 것으로 여겨지고 있다.

되었을 때가 빅뱅 이론의 출발점이 된다.

팽창의 초기 단계, 즉 우주 탄생 후 10^{-44}초 후(1조×1조×1조×1억 분의 1초 후)에는, 우주의 크기가 양자의 10억 분의 1밖에 되지 않았지만, 10^{-36}초 후(1조×1조×100만 분의 1초 후) 무렵 급팽창이 끝나는 순간에는, 최초의 크기의 10^{40}배(1조×1조×1조×1만 배), 즉 포도 알 크기로 부풀어 올라 있었다. 이러한 급팽창 모델을 사용하면, 평탄성 문제의 해답도 간단하게 얻을 수 있다. 급팽창 우주 모델에서는 급팽창이 일어나는 순간에는 물질 밀도가 임계 밀도에 가까워진다. 즉 풍선을 부풀리면 표면이 점차 평탄해지는 것처럼, 초고속으로 팽창하는 우주도 점차 평탄해지는 것이다.

지평선 문제도 간단하게 설명할 수 있다. 우주는 작은 영역에서 시작되었기 때문에, 처음에는 우주의 온갖 부분이 서로 쉽게 접촉해 전체적으로 뒤섞일 수 있었고, 그 결과 항상 균일한 상태가 되었다고 말할 수 있는 것이다. 이것은 또한 우주의 대규모 구조의 문제도 해결할 수 있다. 급팽창하는 과정에서 물질이나 에너지의 밀도에 동요가 생기고, 그것이 빅뱅 우주의 팽창과 함께 커짐으로써 초은하단이나 우주 빈터가 생겨났다는 설명이 가능한 것이다.

차례차례 생겨나는 '우주의 거품'

그렇지만 급팽창 우주 모델이 특별히 사람들의 흥미를 끄는 것은 이러한 설명 때문이 아니라 이 모델이 무수한 우주의 탄생을 예언하기 때문이다. 급팽창을 일으키는 '진공' 상태는 에너지가 매우 높기 때문에, 우주론학자들은 흔히 '가짜 진공'이라고 부르기도 한다. 이

그림 7 거품 우주
우리의 우주는 거품처럼 생겨난 수많은 우주 중 하나에 지나지 않는 걸까?
그림: 야자와 사이언스 오피스

가짜 진공에서는 일부 급팽창을 일으켰다고 여겨지는 별개의 영역이 다시금 급팽창을 일으키고, 거기에서 새로운 우주가 생겨난다. 그리고 그 일부가 다시 가짜 진공으로 되돌아간다. 이런 식으로 가짜 진공에서는 펄펄 끓는 주전자의 바닥에서 솟아 올라오는 거품처럼 차례차례 새로운 우주가 생겨나게 된다.

이러한 설명은 직관적으로는 이해하기 어렵다. 특히 진공이라는 말은 혼동하기 쉽다. 우리가 평소 '진공'이라고 말할 때는 물질이 아무것도 존재하지 않는 공간을 떠올리지만, 물리학에서 말하는 진공은 그것과는 전혀 다른 개념이기 때문이다. 물리학자들의 설명에서 진공은 존재하는 모든 '장場'의 기저 상태, 즉 장의 에너지가 최소가 되는 안정 상태를 뜻한다. 그리고 양자역학에 의하면, 진공의 장은 가상적인 입자가 나타나거나 사라지고, 평균적으로는 0이 되는 매우 애매하고 흔들리는 세계이다.

온갖 종류의 급팽창 이론

1992년, 미국 항공우주국(NASA)의 관측 위성 코비(COBE)는, 우주 배경 복사에 동요가 존재하는 것을 발견했다. 그 후 NASA가 쏘아올린 더블유맵(WMAP)이라는 관측 위성도 2003년에 앞의 코비 위성보다 더욱더 정밀하게 우주 배경 복사 동요를 포착해 냈다. 급팽창 이론에 따르면, 이러한 동요가 우주의 역사와 함께 성장해 가고, 그레이트 월을 포함한 우주의 대규모 구조나 광대한 우주 빈터를 만들어 냈다고 추정된다.

급팽창 이론의 예언에 꼭 들어맞는 이러한 동요 덕분에, 급팽창

이론은 확실한 발판을 마련한 듯 보였다. 그 발견의 주역이었던 캘
리포니아 대학교의 조지 스무트와 NASA의 존 매더는 그 공로를 인
정받아 2006년 노벨 물리학상을 받았다.

　현재 대다수의 우주론 학자들은 코비 위성 등의 관측 결과도 있
어, 급팽창 이론과 그에 뒤따르는 빅뱅 이론이 대체로 옳다고 믿고
있다. 하지만 관측 결과와 이론 사이에 미묘한, 아니 어쩌면 크다고
도 할 수 있는 불일치가 있는 데다 급팽창 이론의 토대가 된 힘의 통
일 이론이 제자리걸음을 하고 있는 상태이기 때문에, 우주론학자 사
이에서도 급팽창에 관한 이견이 노출되었다. 그 결과 급팽창 이론에
는 우후죽순처럼 많은 수정 이론이 생겨났다. 그것들에는 여러 이름
이 붙여졌다. 새로운 급팽창, 카오스적 급팽창, 확장 급팽창, 초확장

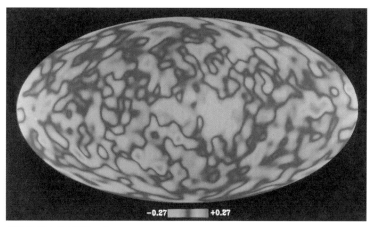

사진 12 **우주 배경 복사(코비)**
코비 위성이 1992년에 찍은 우주 배경 복사의 흔들림.
사진: NASA

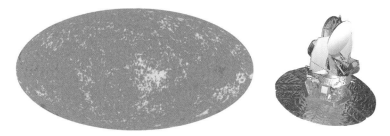

사진 13 **우주 배경 복사(더블유맵)**
2003년에 관측 위성 WMAP(오른쪽 사진)이 찍은 것으로, 보다 정밀한 우주배경 복사의 흔들림.
사진: NASA

급팽창, 열린 급팽창, 부드러운 급팽창, 초자연적 급팽창 등이다. 이들 각각은 급팽창을 일으킨 장의 에너지나 우주가 차례차례 탄생하는 과정 등에 대해 다르게 설명한다.

　제창자 중 한 명인 앨런 구스도 인정하는 바와 같이, 급팽창은 우주의 가장 초기에 일어난 일이라, 실험이나 관측을 통해 검증할 수 없다. 그 때문에 어떤 이론이든 그저 관측 결과에 부합하도록 이론치를 조절할 수 있을 뿐이다. 반대로 말하면, 새로운 관측 결과가 등장하고 그에 맞게 이론을 조금 바꾸거나 수식을 만지작거리면, 어떤 이론이든 이치에 맞게 만들 수 있다는 것이다.

우주보다 나이를 먹은 별

그렇지만 급팽창 이론과 빅뱅 이론이 우주의 모습을 완전하게 밝혀내는 데 성공했다고는 아직 생각할 수 없다. 왜냐하면 다른 더 큰 문제가 있기 때문이다. 예를 들어, 제일 오래된 별의 나이는 150억~200억 년이고, 적어도 140억 년 이상이다. 이렇게 본다면 별의 나이가 우주의 나이(약 140억 년)보다 더 많은 것이 된다. 우주보다 먼저 별이 탄생할 리는 없다.

다만, 별의 나이와 관련해서는 관측 오차나 이론의 정밀성 문제가 어느 정도 있을 수 있다. 따라서 우주의 나이는 과거 40여 년 사이에, 50억~200억 년 사이를 갈팡질팡해 왔다. 이것은 우주의 나이를 정하는 허블 상수가 관측할 때마다 달랐기 때문이다. 어느 경우든, 가장 오래된 별의 나이가 우주의 나이를 웃돈다는 관측 결과는 천체 물리학이나 우주론 중 어느 쪽이 틀린 셈이 된다.

우주의 물질이 부족하다

우주의 물질이 부족하다는 문제도 있다. 우주는 지금까지 '평탄한', 즉 유클리드적인 차원(이차원, 삼차원 등)을 가진 공간이라고 생

사진 14 가장 나이 든 별들의 나이
은하계를 둘러싼 형태로 분포하는 구상성단 M30의 별들을 조사하면, 그것들은 우주 그 자체보다 나이가 많은 것으로 나와 빅뱅 이론과 괴리가 발생한다. 사진은 X선으로 관측한 M30이다.
사진: NASA/CXC/Uln/H.Cohn&P.Lugger et al.

각되어 왔다. 그런데 관측 가능한 우주를 보면 물질의 양이 우주를 평탄하게 하기 위해 필요한 양의 4~7%밖에 발견되지 않는다. 90% 이상의 물질이 '행방불명' 상태인 것이다. 우리가 살고 있는 우주에 존재하는 물질의 평균 밀도는 5×10^{-30}그램, 바꿔 말하면 방 하나에 수소 원자가 두세 개 존재하는 정도로 극히 희박하다. 이 때문에 우주론에서는 '암흑 물질'의 존재를 상정하고, 우주 질량의 대부분은 관측으로는 발견되지 않는 물질로 이루어져 있다고 생각해 왔다.

그림 8 **중성미자**
지구를 10여 개 늘어놓아도 빠져나가 버릴 정도로 질량이 작은 중성미자가 암흑 물질의 정체일까?
그림: 야자와 사이언스 오피스

암흑 물질의 후보 가운데 하나로는, 20세기 말 일본의 연구자들에 의해 질량이 발견된 중성미자가 있기는 하지만, 암흑 물질의 질량 전부를 감당하기에는 너무 가볍다. 최근 현저하게 향상된 관측 기술 덕분에 발견된 물질 역시, 우주를 평탄하게 하는 데는 매우 부족하다. 그렇다면 우주는 평탄한 것이 아니라 마이너스 곡률을 가진 것일까?

그렇지만 마이너스 곡률은 급팽창 이론과 전혀 맞지 않는다. 애초부터 급팽창 이론은 우주가 평탄해 보이는 것을 설명하기 위해 도입된 것으로, 우주의 최초 상태가 결국에는 평탄하게 되리라는 것을 기치로 내걸고 등장했던 것이다. 이 문제에 대해서 급팽창 이론의 제창자 중 하나인 사토 가즈히코는, "만일 우주가 평탄하지 않다는 것이 관측을 통해 증명된다면, 급팽창 이론은 파국을 맞거나 최소한 대대적인 수정이 가해져야 할 것이다"라고 말했다.

우주에도 만유척력이 있다?

그런데 최근 우주론의 세계에 새로운 '폭탄'이 떨어졌다. 멀리 떨어진 초신성을 관측한 결과, 우주가 일정한 빠르기로 팽창하지 않고 '가속'한다는 사실이 밝혀진 것이다. 즉, 먼 곳의 천체는 '가속하면서' 서로 멀어져 간다. 마치 천체들이 서로 밀어내는 것처럼 말이다. 이것은 우주가 마이너스 곡률을 가지고 있다(=열려 있다)는 것을 뜻할지도 모른다. 그리고 그렇다면 이러한 발견을 통해 급팽창 이론은 종말을 맞을 수도 있다.

그렇지만 다른 가능성도 있다. 그것은 우주의 시공이 만유척력을 가질 가능성이다. 만유척력, 즉 '반중력反重力'은 아인슈타인이 생각해 냈다가 그 후 크게 후회하며 포기했다고 한 앞서의 우주 상수와 똑같은 것이다. 아인슈타인이 생각한 우주 상수에는 물리학적인 근거는 없었지만, 현재의 우주 상수가 근거 없이 주장되고 있을 리는 없다. 여기에서 말하는 우주 상수, 즉 우주의 반중력은 양자역학적으로는 진공 에너지에 의해 만들어질 수 있는 것이다.

진공 에너지는 우주 탄생 순간에 팽창을 일으킨 힘이다. 그리고 이 이론을 지지하는 우주론학자들은 진공 에너지와 우주의 임계 밀도를 더해 맞추면 1이 된다는 것을 토대로 우주는 평탄하다고 주장하고 있는 것이다. 팽창 이론의 수정판을 차례로 내놓은 안드레이 린데는 급팽창은 "사람을 잘 속이는 속임수와 같은 것이다"라고 평했지만, 아인슈타인이 최초로 생각해 낸 우주 상수의 재등장도 급팽창 이론에 더해진 좀더 나은 속임수의 부활과도 같은 것이다.

별의 수명에 대한 수수께끼가 풀린다?

우주 상수에는 다른 측면, 즉 관측과 이론 사이의 모순을 해소해 주는 면이 있다. 우주 상수가 존재하는 가운데 우주가 지금까지 점점 빠르게 팽창을 지속해 왔다면, 우주 초기의 팽창 속도는 지금보다 느린 것이 된다. 우주의 나이는 현재의 은하 관측을 통해 나온 팽창 속도를 토대로 계산된 나이보다 많아진다. 예를 들면, 우주의 나이가 200억 년이라고 하면, 별의 나이가 우주의 나이보다 많다는 모순은 사라진다.

우주 팽창 가속이라는 새로운 폭탄이 급팽창 이론을 산산 조각 내날려 버릴지, 아니면 급팽창 이론과 관측 결과 사이의 불일치를 해소해 줄 이론의 구세주가 될지는 아직 예측할 수 없다. 우주의 팽창이 빨라지고 있는지 아닌지조차도 아직까지는 분명하지 않기 때문이다. 하지만 사토 가즈히코가 말했던 것처럼, "관측으로 파국을 맞을 가능성이 없는 이론은 관측으로 실증되는 일도 없다." 그리고 일부 물리학자들이 지적하는 바와 같이, 관측이나 실험에 의해 실증할 수 없는 이론은 과학 이론이 될 수 없다. 팽창 이론+빅뱅 이론을 당당한 과학 이론으로 발전시키려면, 관측을 통해 근거를 차곡차곡 쌓아 나가야만 한다.

우물 안 개구리의 숙명

이렇게 해서 우주의 탄생과 진화 이론을 살펴봤지만, 마지막으로 의문 하나가 남는다. 그것은 인간이 이와 같은 방법으로 우주의 본모습을 알 수 있을까라는 근원적인 질문이다. 우리 인간 자신도 우주의 일부이며, 우주에 얽매어 결코 거기에서 해방될 수 없다. 우리는 이를테면 우주라는 깊은 우물 안에 갇혀 있는 개구리이다. 개구리는 우물 안의 온도나 물질 분포를 조사하고, 우물의 내부가 이러이러하다고 기술할 수 있다.

그렇지만 아무리 조사해도 우물이 애당초 무엇인지, 누가 무엇을 위해 우물을 팠는지는 우물 안에서 알 수 없다. 우물은 개구리에게는 결코 객관화될 수 없으며, 그 일부분인 개구리가 자신을 포함하는 전체를 인식하는 것은 원리적으로 불가능하다. 그러나 개구리는 우물의 내부를 조사하고, 생각을 계속해야 한다. 그것이 바로 지성을 가진 개구리의 숙명이기 때문이다.

2장

은하는 어떻게 시작되었나?

은하는 우주를 구성하는 기본 단위이고, 우주에는 이러한 은하가 수천억 개나 있으며, 그 하나하나는 또다시 수천억 개의 별로 이루어져 있다. 은하는 단독으로 존재하지 않고 여러 은하들이 집단을 이루어 국부은하단, 은하단, 초은하단을 형성하고 있다. 게다가 여러 개의 은하가 거대한 벽처럼 나란히 서 있는 그레이트 월이나 은하가 실제로 존재하지 않는 우주 빈터도 존재한다. 이러한 장대한 구조는 어떻게 해서 생겨났을까?

은하와 별의 수를 세다

우주를 구성하는 기본 단위는 은하이다. 우주가 팽창하고 있다는 것을 우리 인간이 알 수 있게 해준 것도, 그리고 우주에 질서 잡힌 구조가 있다는 것을 보여 준 것도 은하이다. 우리가 살고 있는 이 은

사진 1 하늘 전체 지도
유럽의 관측 위성 로세트가 X선으로 본 하늘 전체 지도(고에너지 영역). 적색은 고에너지 현상에서는 에너지가 낮은 온도 약 100만 도의 플라스마, 황녹색은 수백만 도의 가스괴, 청색은 초신성의 잔해가 방출하는 초고에너지이다. 사진의 중심이 은하계의 중심이다.
사진: MPE

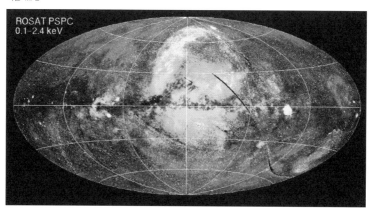

하늘의 은하

스피처 우주 망원경

사진 2 은하계(하늘의 중심부)
스피처 우주 망원경이 적외선으로 잡은 은하계 중심부. 작고 무수한 흰 점은 별들이고, 우리(지구)와 이 영역 사이에 퍼진 먼지로 가로막혀 광학 망원경으로는 전혀 볼 수 없다. 참고로 이들 점과 점 사이의 거리는 몇 광년이나 된다.
사진: NASA/JPL

하계도, 무수하게 존재하는 은하의 하나일 뿐이라는 것 역시 두 말할 나위 없는 사실이다. 은하는 우주라는 장대한 구조체를 구성하고 있는 하나하나의 세포와 같다.

모든 은하는 우주가 빅뱅에 의해 탄생한 후 10억 년쯤 흐른 뒤에 생겨났을 것으로 추정된다. 그렇지만 도대체 어떻게 해서 생겨났을까? 천문학이나 천체물리학, 그리고 우주론을 연구하는 사람들에게 이것은 오랫동안 커다란 수수께끼였고, 지금도 그 수수께끼는 충분히 풀리지 않았다. 은하 탄생 이야기는 별들의 탄생 이야기보다 훨씬 이해하기 어렵다. 별들에 비해 은하는 너무도 규모가 크고, 복잡하며, 탄생하기까지 장구한 시간이 걸리기 때문이다.

우리은하계는 다른 은하계들과 비교할 때 평균적인 크기로 보인

사진 3 **안드로메다은하**
허블 우주 망원경이 잡은 은하계 이웃인 안드로메다은하(M31)의 중심부. 핵이 두 개 있다고 알려져 있다.
사진: NASA/STScl

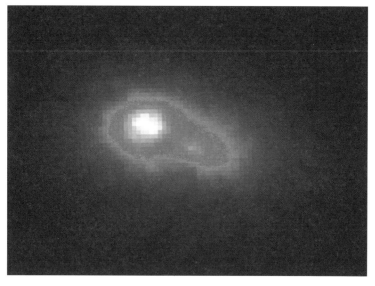

다. 사실 은하의 크기와 형태는 다양하다. 예를 들면 은하계의 이웃(이웃이라고는 해도 우리와 250만 광년 정도 떨어져 있다)인 안드로메다은하의 질량은 우리은하의 1.5배 정도이고, 우리와 가까운 또 다른 은하인 대마젤란은하(거리 16만 광년)의 질량은 우리은하의 10분의 1 정도로 보인다. 대마젤란은하는 나중에 이야기할 대단히 작은 은하, 즉 '왜소 은하'의 하나이다. 그리고 이러한 은하는 은하가 모여 있는 '국부 은하단'의 구성원이다.

이처럼 은하는 단독으로는 존재하지 않고, 서로의 중력에 의해 몇몇 은하가 집단을 이루며 존재한다. 작은 집단인 국부은하단이 몇 개가 모여 '은하단(은하군)'을 만들고, 그것들이 더 모여 '초은하단'을 형성한다. 그리고 크게는 몇 십만, 몇 백만이나 되는 은하가 몇

사진 4 **대마젤란은하**
우리은하와 가까운 또 다른 은하인 대마젤란은하. 스피처 우주 망원경이 적외선으로 촬영했다.
사진: NASA/JPL-Caltech/STScl

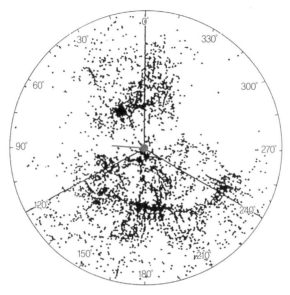

그림 1 은하의 분포

우주에는 은하, 은하단, 초은하단, 그레이트 월, 빈터 등 다양한 규모의 구조가 존재한다. 현재의 우주론은
이러한 구조가 우주 탄생 시에 양자 우주의 밀도 동요가 우주의 급속 팽창에 의해 잡아 늘여졌기 때문에
생겨났다고 여긴다. 그림은 우리은하계부터 5억 광년 이내의 은하의 분포이다.

자료: M. Geller & J. Huchra et al.

억 광년이나 되는 거리에 걸쳐 벽처럼 늘어서 있는 그레이트 월(사진
5)도 형성된다. 은하는 계층 구조를 만들고 있는 것이다.

우리은하는 안드로메다은하 등 30개 정도의 은하와 함께 국부 은
하단을 형성하고 있으며, 안드로메다은하 다음으로 크다.

우리은하계 안에는 2000억 개나 되는 별들이 있으며, 직경 즉 은하
계의 끝부터 끝까지를 광속(초속 30만km)으로 가로지르려면, 10만 년
이 걸린다는 계산이 나온다. 우주에는 이렇게 어마어마하게 큰 은하
가 수천억 개나 존재한다. 이로부터 우주 전체에 있는 별의 수는 한
은하당 1000억~2000억 개이니, (1000~2000)억×수천억 개나 된다.
인간의 감각으로는 거의 무한에 가까운 수라고 해도 좋을 정도이다.

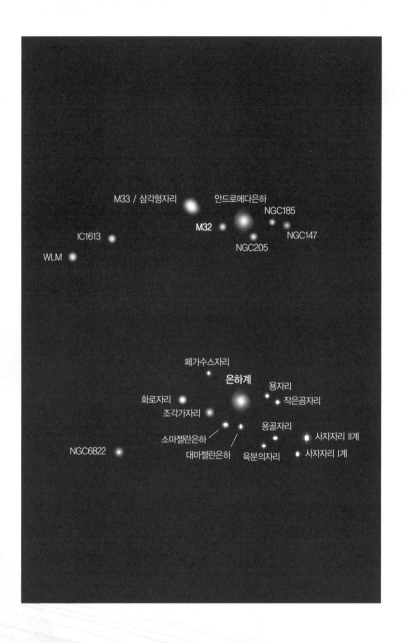

그림 2 은하계 주변(국부 은하단)
우리은하계는 안드로메다은하 등 30개 정도의 은하와 함께 국부 은하단을 형성하고 있다. 은하계는 안드
로메다은하 다음으로 크다.

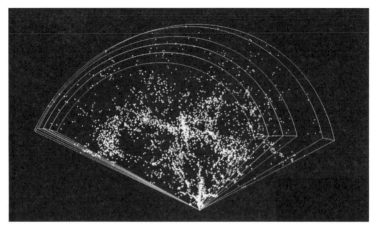

사진 5 그레이트 월

하버드–스미스소니언 천체물리학 센터의 마거릿 겔러와 존 후크라 등이 천정 방향의 지구에서 45억 5000만 광년까지의 범위로 퍼지는 수천 개 은하의 거리를 조사하고, 컴퓨터로 통합해 작성한 우주 은하 지도. 은하는 균일하게 분포하지 않아 어마어마한 영역에 집중하거나, 다른 영역에서는 빈터를 만드는 것으로 알려져 있다.

사진: 마거리 겔러와 존 후크라, 하버드–스미스소니언 천체물리학 센터

은하는 어떻게 해서 생겨났을까

은하의 탄생이나 진화와 관련해 가장 중요한 이론은, 1962년에 미국의 천문학자 앨런 샌디지와 도널드 린덴-벨이 발표한 '가스 구름 수축 모델'이다. 샌디지는 20세기 최고의 천문학자라고 불린 에드윈 허블의 제자로 천문학의 세계에 들어왔다. NASA의 우주 망원경(허블 우주 망원경)에도 그 이름이 남아 있는 허블은 모든 은하가 우리에게서 멀어진다는 것을 관측에 통해 최초로 발견하고, 팽창 우주론(빅뱅 우주 모델)의 중요한 기초를 쌓은 천문학자이다.

샌디지 등의 가스 구름 수축 모델에 따르면, 빅뱅에 의해 우주가 탄생하고 나서 10억 년쯤 경과한 무렵, 우주 전체에 얇게 퍼진 가스 물질과 에너지의 밀도에 '동요'가 생겼고, 그 동요된 부분이 자신의

중력에 의해 점차 수축하면서 천천히 회전하기 시작해, 마침내 거대한 가스 구름이 되었다고 한다. 이 가스 구름이 자체 중력에 의해 점차 수축 속도와 회전 속도가 빨라지면서 전체가 평평하고 납작해져 마침내 오늘날과 같은 은하 원반이 생겨났다는 것이다.

처음에 은하의 가스 원반을 만든 것은, 빅뱅에 의해 생겨난 수소와 헬륨으로 이루어진 단순한 가스에 지나지 않았지만, 그것들이 수축하여 고밀도 상태가 되자 마침내 은하 곳곳에 거대한 별들이 생겨났다. 그것들은 짧은 시간 안에 중력 붕괴에 의해 차례차례 초신성 폭발을 일으키고, 그 과정에서 만들어진 여러 가지 무거운 원소를 주위의 우주 공간에 뿌렸다. 흩뿌려진 중원소가 포함된 가스는 또다시 수축하여 별들을 만들어 내고, 그것들이 다시 초신성 폭발을 일으켰다. 이렇게 해서 2세대, 3세대의 별들이 차례차례 만들어짐으로써 은하는 현재 우리가 보는 모습으로 변했다. 이것이 은하의 탄생과 진화에 관해 샌디지 등이 내놓은 이론적 추측이었다.

하향 모델과 상향 모델

이러한 은하 형성 이론에는 그 후 두 개의 커다란 흐름이 생겨났다. '하향 모델'과 '상향 모델'이다. 하향 모델은, 빅뱅이 일어난 후 우주 전체로 가스 구름 형태로 퍼져 간 물질이 밀도 동요에 의해 모였을 때, 초은하단이나 그레이트 월과 같은 거대한 우주 구조의 기초가 된 엄청나게 거대한 가스 덩어리를 만들어 냈다는 것이다. 그것들은 이어서 여러 개의 작은 가스 구름으로 분열되었고, 흩어진 가스 구름 중 하나가 은하가 되었다고 한다.

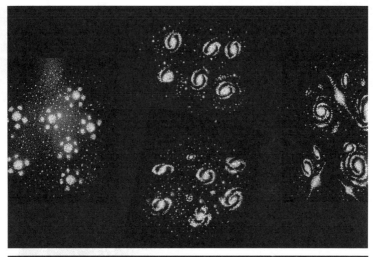

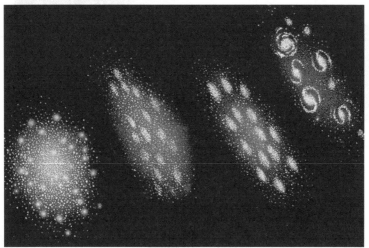

그림 3 두 개의 은하 형성 이론

상향 모델(위) | 처음에 각각의 은하가 생겨나고, 그 후 그것들이 모여 단계적으로 보다 큰 은하 집단을 만들어 갔다. 그러나 이 경우, 지금 있는 것처럼 그레이트 월이나 빈터 등의 대규모 구조가 생길 때까지 우주의 나이 이상의 시간이 걸린나는 모순이 생긴나.

하향 모델(아래) | 우주 탄생 직후에 만들어진, 주로 수소로 이루어진 원시 기체에서 커다란 밀도 동요가 생겨나 그것이 주위의 가스를 모아 거대한 가스 덩어리를 형성했다. 그중 더욱 많은 수의 동요가 생겨, 거기에 가스가 모여 은하단이 새로운 은하로 형성되었다.

그림: 야자와 사이언스 오피스

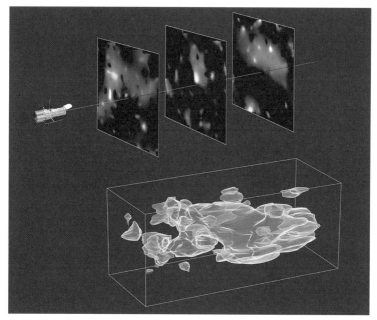

그림 4 **암흑 물질**
허블 우주 망원경이 잡은 우주의 암흑 물질의 3차원 분포. 65억 년 전, 50억 년 전, 35억 년 전 등으로
우주의 나이가 들어 감에 따라 중력에 의해 분포 상태가 붕괴되고, 몇 개의 덩어리가 생겨났다는 것을 알
수 있다. 이것은 하향 방식의 은하 형성 이론을 지지하는 하나의 증거이다.
사진: NASA, ESA & R. Massey

　　한편 상향 모델은 샌디지 등의 이론을 그대로 이어받았다. 이 모
델은 가스 구름의 동요에 의해 먼저 개개 은하의 가스 덩어리가 생
겨나고, 그것들의 내부에서 태어난 별들이 모여 거대한 우주 구조를
만들어 낸다고 한다. 하지만 두 시나리오 중 어느 쪽이 맞는지를 알
수 없었던 천문학자나 천체물리학자들은 머리를 싸매고 고민했다.
두 모델 모두 시간과 관련된 모순이 생기기 때문이다.

　　하향 모델을 적용시키면 은하가 집단을 이루는 이유를 이해할 수
있다. 은하단이나 초은하단은 원래부터 하나의 초거대 가스 구름에
서 태어난 은하 가족이라고 설명할 수 있을 것이다. 그러나 이 모델

의 문제점은 원래 거대한 가스 구름이 분열해 개개의 은하가 되기까지는 너무나도 긴 시간이 걸린다는 데 있다. 이렇게 되면 빅뱅 이후 140억 년 가깝게 경과한 것으로 보이는 우주에서도, 지금도 역시 새로운 은하가 탄생해 번성하는 셈이 된다.

한편 이와는 반대로, 상향 모델은 다수의 은하가 스스로의 중력으로 모이는 것보다 초은하단이나 그레이트 월과 같은 대규모의 구조가 만들어지려면, 너무나도 시간이 걸린다는 문제가 생긴다. 그래서 은하 형성 이론에는 관측을 통해서도 그 존재가 시사되었던 '암흑 물질'[*]이 추가되었다. 우리의 관측 기술로 볼 수 있는 물질은 우주 전체의 물질에서 보면 얼마 안 되고, 우주에 존재하는 모든 물질의 90% 이상은 전자기 복사를 하지 않는 '암흑 물질'로 이루어져 있다는 견해이다(단 암흑 물질의 정체는 아직 알려져 있지 않다). 탄생 직후의 우주에 물질과 에너지의 동요가 생겨나면, 암흑 물질 덩어리가 핵이 되어 주위의 물질을 보다 빠르게 모을 수 있고, 가스 구름(거대한 것이든 작은 것이든)을 수축시켜 초기 단계에서 은하나 은하단으로 성장할 수 있다.

옛 은하 이론의 한계

현 단계에서는, 암흑 물질의 성질 등으로 미루어 볼 때 우주에서

---

[*] 우리 눈으로 볼 수 있는 우주(스스로 빛을 내는 항성 그리고 그 빛을 받아 빛나는 성간 가스 등)는 모두 양자나 중성자 등에서 온 중입자重粒子 물질이 주로 구성되어 있다. 그러나 빛을 내는 물질은 우주 전체의 질량 중 극히 일부에 지나지 않는다. 예를 들어 나선은하는 가장자리의 운동 속도를 고려할 때, 실제로는 눈에 보이는 질량의 10배에 달하는 질량을 가지고 있다고 관측된다. 눈으로 볼 수 없는 이러한 질량을 암흑 물질이라고 한다.

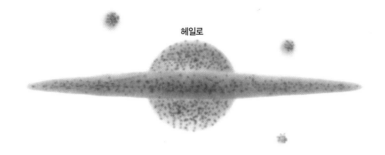

그림 5 **은하의 구조**
은하를 바로 옆에서 본 모습. 중앙은 부풀어 올라 팽창부를 형성하고, 그 바깥쪽으로 소용돌이 모양의 나선팔이 펴져 있다. 그 주위를 헤일로가 둘러싸고 있다.

생겨난 최초의 구조는 은하가 아닐 것으로 여겨진다. 결국 상향 모델이 우세한 것 같다. 하지만 앞서 예를 든 은하 형성에 관한 두 가지 시나리오 중 어느 쪽도 시나리오 자체가 너무나도 단순하기 때문에, 최근의 관측을 통해 명백해진 은하계의 실상과 비교하는 것만으로도 양자는 도저히 일치하지 않는다. 우리은하계는 단순한 원반의 형태가 아니다. 은하의 중심부는 '팽창부'라 불리는 오래된 항성이 밀집한 영역이 있고, 그 바깥쪽으로 소용돌이 모양의 '나선팔'이 뻗어 있다. 그리고 그 바깥쪽으로는 '헤일로'라는 영역이 공 모양球狀의 형태로 둘러싸고 있다.

헤일로를 만드는 것은 주로 구상성단이다. 구상성단에 포함되는 별들은 우주에서도 꽤 나이가 많으며, 은하 중앙부의 팽창부 혹은 팽창부에서 확장되는 나선팔 부분보다 훨씬 오래되었다. 그중에는 우주의 나이(최근의 추정치에서는 137억 년)보다 많은 '150억 살'로 추정되는 별들도 포함되어 있다. 하지만 이것이 참이라면 구상성단의 별들은 우주 그 자체보다 먼저 생겨난, 즉 우주 탄생 이전부터 있던 셈이 되어 버린다. 그리고 그것은 현재의 우주론이나 천체물리학

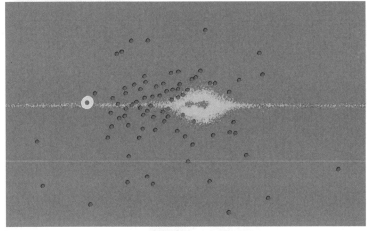

사진 6 헤일로
나선은하의 바깥을 공 모양으로 둘러싸는 영역(헤일로)에는, 무엇보다도 나이 든 별들을 포함한 구상성단
이 분포해 있다. 사진의 은하는 솜브레로(멕시코 전통 모자)를 닮았다고 솜브레로은하라고 불린다.

그림 6 구상성단의 분포
은하계의 헤일로에서는 2007년 7월까지 157개의 구상성단이 발견되었다. 20세기 초, 천문학자들은 구상
성단의 분포를 조사함으로써 은하계의 크기를 제법 정확하게 측정했다.

어딘가에 오류가 존재한다는 말이 된다.

또 구상성단의 대부분은 은하의 소용돌이와는 역방향으로 회전하고 있다는 불가해한 문제도 있다. 이것은 마치 은하와 구상성단의 기원이 다르다고 여기게 하는 현상이다. 이처럼 극히 복잡한 양상을 보여 주는 은하계의 구조 전체를 가스 구름의 수축만으로 설명하는 것은 도저히 불가능하다. 만약 최초에 은하 하나쯤 되는 질량의 가스 덩어리가 있었다면, 가스의 수축은 전체적으로 균일하게 이루어지지 않고, 밀도가 높은 중심부에서만 급속하게 이루어졌을 것으로 추측된다.

이 경우 가스가 극히 얇게 존재할 수밖에 없는 바깥쪽 영역은 수축되면 사라지기 때문에, 현재 보이는 은하의 원반 구조가 생기는 일은 불가능하다. 이렇듯 실제의 은하는 가스 구름 수축 모델에서는 설명 불가능한 여러 가지 현상이나 내부 구조를 보이고 있다.

은하끼리 충돌하다

은하에는 그보다 더 큰 수수께끼가 있다. 은하끼리 서로 충돌하거나, 커다란 은하가 작은 은하를 삼키는 일은 흔한 일이다. 20세기 전반에 허블이 발견했던 것처럼, 우주에 존재하는 모든 은하는 서로 멀어지고 있다. 이것은 우주 전체가 팽창하고 있다는 관측적 증거가 되어 빅뱅 우주론의 탄생을 이끄는 중대한 발견이 되었다. 동시에 이것은 은하가 우주의 특정한 장소에 머물러 있지 않고, 항상 운동하며 은하 사이의 거리도 끊임없이 변화한다는 것이기도 하다.

또 앞서 이야기한 바와 같이, 수많은 은하는 우주 안에서 엄청난

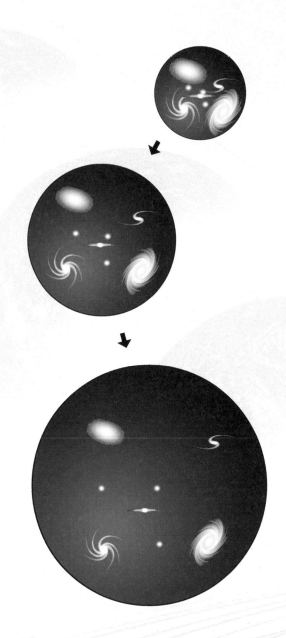

그림7 **우주의 팽창**
'우주가 팽창한다'는 것은 시공이 팽창하면서 은하들이 서로 멀어지는 것이다. 이 경우, 어느 은하에서 보아도 다른 은하는 멀리 있을 만큼 빠르게 멀어져 간다. 이것은 건포도빵을 구우면, 빵이 부풀어 오르면서 빵 속 건포도들의 간격이 멀어지는 모습과 비슷하다.

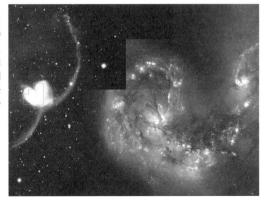

대규모 구조를 형성하고 있고, 우리가 속해 있는 은하계도 단독으로는 존재하지 않는다. 우리에게서 16만 광년 거리에 있는 대마젤란은하 250만 광년 거리에 있는 안드로메다은하(육안으로 보이는 좀더 먼 곳의 천체) 등과 함께 하나의 국부은하단을 형성하고 있다. 현재의 은하 형성 이론 중 어느 것도 이러한 은하의 운동이나 집합도를 고려하고 있지 않다. 예를 들면 처음에는 우주에 생겨난 수많은 작은 은하였지만, 그것들이 서로 충돌하고 합체하면서 여러 가지 형태로 변형되는 과정에서 더 큰 은하가 만들어진 것이다.

실제로 안드로메다은하에 대한 새로운 연구를 통해 우리는 이 은하가 일찍이 근처에 있었던 왜소은하를 흡수했기 때문에 우리은하와는 내부 구조가 크게 다르다고 여기게 되었다. 팽창부에 두 개의 거대한 블랙홀이 존재하고, 그것들이 쌍성을 형성하고 주위의 물질을 삼켜 버리는 것이다. 덧붙여, 안드로메다은하와 우리은하는 맹렬한 속도로 서로 접근하고 있어, 지금부터 30억 년 정도 후에는 이 둘이 충돌·합체하거나, 아니면 서로 중력의 영향을 주고받다가 결국에는 충돌할 가능성이 있다고 여겨진다.

30억 년이나 나이가 차이 나는 구상성단

가스 구름 수축 모델은, 지금까지 본 것처럼 우주 관측 결과와 일치하지 않는 부분이 적지 않기 때문에, 현재는 이것을 대신해서, 여러 개의 보다 작은 가스 덩어리가 합쳐져 하나의 은하로 진화했다는 모델도 나오고 있다. 각각의 가스 덩어리의 나이가 다르고, 또 운동 모멘트도 다르면 그것들이 합체되었을 때 내부의 나이나 운동 방향에 차이가 남아 있다고 해도 이상하지 않다. 이 모델은 은하의 탄생에 대해 다음과 같이 설명한다. 우주가 탄생한 후 늦어도 10억 년 이내, 즉 130억 년쯤 전, 밀도 동요의 제일 작은 영역에서 다수의 구상성단이 형성되었다. 머지않아 이들은 완만하게 공 형태로 모여 바깥쪽이 은하의 헤일로가 되었다. 내부에서는 그 후 많은 별이 형성되거나 초신성 폭발을 일으키는, 팽창부와 나선팔이 형성되었다.

1991년, 영국의 한 연구팀이 은하계의 헤일로에 있는 두 개의 구상성단(NGC288과 NGC362)의 나이를 정밀하게 측정해 전자의 나이가 후자보다 30억 살이나 많은 150억 년(우주의 나이보다 많지만, 그러한 모순은 여기에서는 다룰 수 없다)임을 발견했다. 이와 같이 구상성단들 사이에 수십억 년이나 되는 나이 차이가 있다는 것 또한 이 모델을 지지하고 있다. 그러나 지금 은하계의 헤일로와 팽창부, 나선팔에 대해서는 그것들 사이의 나이 차도 정확하게는 알 수 없다. 그리고 암흑 물질이 무슨 구실을 하고 있는지, 은하의 중심에 존재하는 거대한 블랙홀이 어떤 영향력을 행사하고 있는지도 해명되지 못한 채 남아 있다.

어느 쪽이든 이후, 우리은하의 형성 과정을 생각해 볼 때, 은하는 단독으로 생겨 지금의 모습이 된 것이 아니라, 여러 가지 요소가 얽힌 복합적인 시스템으로서 진화하게 되었다고 생각해야 할 것 같다. 그와 같은 식으로 보면, 은하에 여러 가지 형태가 있는 이유도 이해할 수 있다. 만약 가스 구름이 단순히 회전하면서 모인 것뿐이라면, 모든 은하가 같은 원반 모양을 하고 있을 것이다. 그런데 실제로는, 앞선 안드로메다은하의 예에서도 알 수 있는 것처럼 은하는 대단히 다양하고 복잡한 형태나 내부 구조를 가지고 있다.

이것은 은하의 탄생이 처음에는 같은 과정을 거쳤더라도, 즉 우주 탄생 직후의 물질과 에너지의 동요에서 만들어진 것이 사실이었다고 해도, 그 후의 진화 과정이 은하마다 다르며, 현재에 이르기까지 대단히 복잡한 일들을 경험해 왔다고 생각할 만한 충분한 증거가 된다.

그림 8 **블랙홀**
블랙홀은 작은 영역에 방대한 물질이 들어가 있어, 빛도 달아날 수 없을 만큼 공간의 구부러짐이 큰 천체이다.

은하 중심의 초거대 블랙홀

아인슈타인의 일반 상대성 이론이 1915년에 예언했던 블랙홀은 거의 100년 가까운 역사를 가지고 있다. 상대성 이론이 발표된 다음 해에는 독일의 천문학자인 카를 슈바르츠실트가 '슈바르츠실트 반지름'이라는 개념에 의거해 그와 같은 기묘한 천체(별)의 모습을 이론적으로 묘사하여 보여주었다(슈바르츠실트는 이 이론을 제창한 해에 세상을 떠났다).

별의 블랙홀은 태양의 8~10배가 넘는 질량을 지닌 크기의 별이 진화하는 과정의 최종적인 모습이다. 그러한 엄청난 질량의 별은 중심부의 핵융합 연료를 모두 사용하고 한 번에 중력 붕괴를 일으켜서 바깥층의 가스를 우주로 날려 보낸 후에, 안쪽의 모든 물질이 중심을 향해 낙하해 블랙홀화하는 것이다. 하지만 그 후 블랙홀은 엄청난 질량의 별이 도달하는 최후의 모습이라는 척도를 분명히 넘어서게 된다. 수천억 개의 별들이 포함된 은하의 중심부에는 초거대 블랙홀이 존재하게 되었다.

은하 중심의 이러한 초거대 블랙홀설이 등장한 배경에는 X선 천문학이 있다. 우주에 존재하는 고에너지의 X선을 관측함으로써 은하 중심부가 명멸하고 있다는 것이 분명해져 가고 있는 것이다. 만약 은하의 중심부에 단지 별만 밀집되어 있다면, 그와 같은 현상은 일어날 리가 없다. 이것은 태양의 수백, 수천만 배 이상의 거대한 블랙홀이 존재해 주위의 물질이 그곳으로 빨려 들어갈 때 고에너지의 전자파(X선)가 복사된다고 생각해야 비로소 이해될 수 있다.

예를 들면, M87은하(사진 8)의 중심부에서는 눈부신 플라스마 제트가 광속에 가까운 속도로 뿜어져 나와 2600광년이 걸리는 곳까지 도달한다. 이것은 M87은하 중심에 막대한 에너지를 생성하는 '엔진'이 존재한다고 생각하지 않으면 이해할 수 없다. 이 엔진이야말로 초거대 블랙홀이다.

그 후 M51은하나 활동 은하 NGC1068, 그리고 우리 이웃인 안드로메다 은하도 중심부에 블랙홀을 가지고 있다고 생각하는 과학자들이 등장했고 그 수는 점점 늘어나고 있다. 그중에는 은하 중심에는 모두 블랙홀이 있다고 주장하는 천문학자도 있다. 물론 우리은하(은하계)도 예외는 아니다. 이제 우주는 무서우리만큼 거대한 블랙홀투성이가 되었다. 그러나 최근 들어, 허블 우주 망원경이나 최신 X선 관측 위성 등의 관측 결과를 바탕으로, 일부 천문학자들이 이 가설에 의문을 제기하고 있다. 정밀하게 관측하면 실제 X선은 매우 미약하다거나, 블랙홀 이외의 메커니즘도 그와 같은 현상을 일으킨다는 등의 이유에서다. 최근에는 블랙홀이라는 천제가 존재하지 않을지도 모른다고 주장하는 연구자까지 나타나고 있다. 우주는 21세기가 되어도 짙은 안개에 휩싸여 있다.

사진 8 **M87은하**
중심부에 초거대 블랙홀이 존재할까?

충돌과 합체로 되살아나는 은하

앞에서 이야기한 에드윈 허블은 이미 1926년에 은하를 겉모양의 형태에 따라 몇몇 유형으로 나눴다(그림 9). 타원은하, 나선은하, 막대나선은하 등이다. 이러한 분류는 현재에도 '허블 분류'라고 불리며 대부분 그대로 사용되고 있기 때문에, 대표적인 특징을 간단히 정리해 놓겠다. 이러한 분류에 포함되지 않는 것은 '불규칙은하' 혹은 '특이은하'라고 불린다.

① 타원은하(사진 8)

진화가 가장 많이 진행된 매우 큰 은하이다. 100억 년쯤 전에 이미 은하 내 가스 물질은 별(항성)이 만들어지면서 전부 소비되어 버

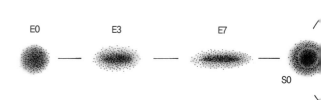

E: 타원은하
S: 나선은하
SB: 막대나선은하

E0   E3   E7   S0

그림 9 **은하의 분류**
허블은 다수의 은하를 그 형태에 따라 분류했다. E는 타원은하로 주로 나이가 많은 항성으로 이루어져 있다. S는 나선은하로 그 이름처럼 소용돌이 모양을 하고 있다. SB는 막대나선은하로 우리은하계는 이 유형에 속한다. 알파벳 오른쪽에 있는 숫자는 은하의 편평도를 나타낸다. a, b, c는 팔의 감기는 모양에 대응하여, a에서부터 감긴 정도가 느슨해진다. 오른쪽 끝에 따로 보이는 것은 불규칙 은하의 예이다.

렸다. 그 때문에 지금은 별의 재료인 성간 가스가 거의 없고, 나이든 붉은 별만 남아 있다. 은하의 고령화 사회라고도 할 수 있을 것이다. 그러나 내부에 매우 젊은 성단을 가진 타원은하 몇 개가 최근에 관측되었다. 이 발견은 처음에는 천문학자들을 곤혹스럽게 만들었지만, 지금은 나이 든 타원은하가 젊은 은하와 충돌해 그것을 차지해 버린 것이라는 견해가 나와 은하의 충돌이라는 우주적 대사건을 단숨에 부상시키게 되었다.

② 나선은하(사진 9)와 막대나선은하(사진 10)

우리은하계가 속해 있는 나선은하(소용돌이은하)나 막대나선은하는, 그 이름처럼 중앙부의 팽창부에서 소용돌이 모양으로 팔이 뻗어 있고, 전체의 각운동량(회전 운동량)이 크다. 대부분의 오래된 은하

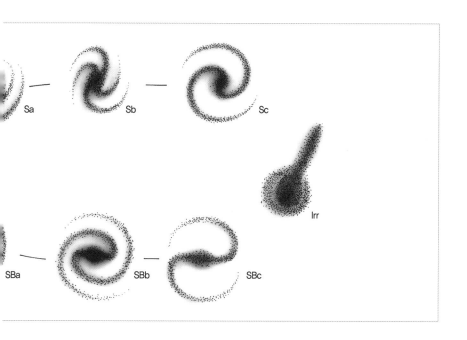

사진 8 **타원은하**
화로자리에 있는 거대한 타원은하 NGC1316. 중앙을 가로지르는 검은 띠는 우주 먼지이다.
사진 9 **나선은하**
이 전형적인 나선은하는 사냥개자리 M51이다. 동반은하(NGC5195)와 함께 다닌다고 하여 '아이 딸린 은하'라고도 불린다.

사진 10 **막대나선은하**
막대나선 은하 에리다누스자리의 NGC1300. 거대한 두 개의 팔이 두드러져 보인다.
사진 11 **불규칙은하**
큰곰자리의 불규칙은하 M82. 이웃한 나선은하 M81과의 중력 상호 작용에 의해 이러한 특이한 모양이 되었다고 여겨진다.

의 팽창부 중심부에는 엄청난 질량을 지닌 블랙홀이 존재한다고 추정된다. 주변의 편평한 원판 부분에는 젊은 별들이나 성간 물질이 들어 있다.

③ 불규칙은하(사진 11)

타원형도 아니고 나선팔도 없으며, 먼지나 가스가 대량으로 포함되어 있고, 번성하는 별을 만들어 내는 것이 많다. 우리와 가까운 거리에 있는 대마젤란은하나 소마젤란은하도 불규칙은하이다.

④ 특이은하

매우 기묘한 은하로, 크기도 형태도 내부의 물질도 전형적인 은하들과는 많이 다르다. 특이 은하의 세계적 연구자인 미국의 천문학자 홀턴 아프(사진 12)에 의하면, 이 은하들은 일찍이 은하들이 충돌을

사진 12 **홀턴 아프**
특이은하의 규칙과 관련해 가장 저명한
미국의 천문학자.
사진: 홀턴 C. 아프 / 야자와 사이언스 오피스

반복한 결과라고 한다. 은하와 은하가 충돌하면, 양쪽 중력의 영향을 받아 성간 가스가 안정을 잃고, 은하의 핵 쪽으로 낙하해 간다. 이때 가스 물질이 대량의 별들을 만들어 낸다. 그리고 합체에 의해 태어난 새로운 거대 은하는 이전보다 더 젊어지고, 일반적인 은하와는 차이가 많이 나는 형태나 성질을 가지게 된다고 예상된다.

이렇게 보면, 우주에서는 지금까지 은하 충돌이 제법 빈번하게 일어났고, 그 결과로서 지금 보았던 것처럼 서로 공통점이 없는 여러 가지 은하가 존재한다고 생각할 수 있다. 이것은 이 장의 주제인 은하의 시작과 진화에는 그리 큰 영향을 주지는 않았다고 생각된다.

새로 등장한 은하 '동족상잔' 이론

이러한 관측을 종합해 나온 새로운 은하 형성 이론은 다음과 같다. 우주가 탄생한 직후, 수많은 작은 은하가 태어났다. 그것들은 서로 충돌·합체를 반복하면서 많은 별들을 폭발적으로 만들어 냈다. 그 별들에 의해 은하는 크게 변질하면서 거대해졌고, 우주 공간에 빛을 발하게 되어 지금의 천문학자가 관측하는 것과 같은 모습이 된다. 하지만 연구자들이 이 모델을 슈퍼컴퓨터로 시뮬레이션했을 때 문제가 생겼다. 거대한 은하를 도는 '암흑 물질 덩어리'가, 관측할 때의 예측치보다 10배 이상으로 나타난 것이다. 그리하여 2004년, 시카고 대학교의 안드레이 그라프초프 등의 연구팀이 은하의 진화에 관한 보다 새로운 이론을 발표했다. 큰 은하 주위에 무수하게 나타나는 것이 바로 암흑 물질에서 생겨나는 대단히 작은 은하(왜소은하)들이라는 것이다.

일반적으로, 작은 은하에서는 별을 만들어 내는 재료인 가스는 열을 받아 고온이 된다. 그러나 이 가스는, 제1세대의 거성이 탄생한 때로부터 수백만~1000만 년 정도 지나면 생을 마치고 초신성 폭발을 일으키며, 그 충격파에 의해 우주 공간으로 흩어져 날아가 버린다. 또 그 무렵이 되면, 우주 공간에 퍼져 있는 가스 물질이 수많은 은하나 퀘이사에서 방사되는 자외선으로 인해 가열되고, 그 덕분에 왜소 은하에는 새로운 가스 물질이 공급된다. 그런 식으로 왜소 은하는 점차 수축해 간다.

왜소 은하의 이러한 변화 과정을 연구한 그라프초프 등에 의하면, 왜소 은하 중에는 과거에 지금보다 질량이 더 커서 그에 따른 중력에 의해 은하 밖에서 가스 물질을 끌어당겨 별들을 만들어 더 큰 은하로 급성장한 것들도 있다고 한다. 하지만 일시적으로 급성장을 한 후, 다시 주변의 더 큰 은하의 강력한 조석력에 의해 질량의 대부분이 떨어져 나갔다. 이러한 '은하의 동족상잔'은 우주에서 지금도 진행 중이며, 질량을 떼어 먹힌 수많은 소은하가 거대 은하의 중력에 묶여 소위 '위성 은하'가 되어 버렸다. 이것은 어느 누구도 생각하지 못했던 새로운 은하의 모습이다.

연구자들은 이 새로운 이론이 빅뱅 우주론을 바탕으로 한 우주 진화 흐름에 잘 들어맞는다고 생각하고 있다. 21세기 초에 등장한 이 은하 동족상잔 이론이 어디까지 참된 은하의 모습을 그려낼 수 있을지, 그 답이 나올 때까지는 아직 더 기다려야 한다. 은하에 관한 어떠한 새로운 이론도, 밤하늘에 빛나는 무수한 은하가 일찍이 서로 충돌·합체하고, 커다란 은하가 작은 은하를 빨아들이고, 혹은 동족상잔하며 만들어 내는 장대한 드라마를 창조했다는 역사에 입각하지 않는 한, 그 본래의 모습에 다가갈 수 없을 것 같다.

3장

태양계는 어떻게 시작되었나?

우리가 살고 있는 태양계는 은하계 주변부에 떠다니는 한 개의 항성과

그 가족인 행성이나 위성, 혜성 들로 이루어진 작은 집단이다. 그리고 우

리 태양계 주위에 태양계와 매우 닮은 성계가 200개 이상이나 발견되기도 했다. 이 태양계는

50억 년쯤 전에 우주를 떠다니던 원시 성운이 수축해 생겨났다고 한다. 주변 항성계를 관측하면

우리가 살고 있는 태양계의 탄생 비밀도 밝혀질 것이다.

태양계를 태어나게 한 성간 분자 구름

끝없이 펼쳐진 우주는 수수께끼로 가득 차 있다. 그렇지만 적어도 태양계는 우리가 살고 있는 좀더 친숙한 세계이다. 하지만 태양계가 어떻게 해서 탄생했으며, 어떻게 지금과 같은 모습으로 진화되었는지를 최신 천문학이나 천체물리학이 잘 이해하고 있다고는 할 수 없다. 실제로 우주의 탄생이나 은하의 형성과 마찬가지로, 태양계의 탄생도 이론적 추측의 영역을 벗어나지 못한 채 아직까지 많은 수수께끼에 둘러싸여 있다.

이유는 이렇다. 우주에는 수천억 개의 은하와 거기에 포함된 수천억 개의 별들(태양과 같은 항성)이 있다. 하지만 태양계와 같은 '계', 즉 별과 그 주위를 도는 행성, 위성, 혜성 등이 만드는 천체 집단(시스템)은 현재까지는 태양계 단 하나밖에 알려져 있지 않았다. 태양계 내부에서 우주를 관측하는 것만으로는 태양계의 기원을 알 수 없다. 그저 과학적인 가설이나 이론을 만들어 추측할 뿐이다. 그러나 최근, 허블 우주 망원경이나, 하와이의 마우나케아에 있는 스바루 망원경 등 초고성능 천체 망원경이 차례로 등장한 덕분에, 태양계

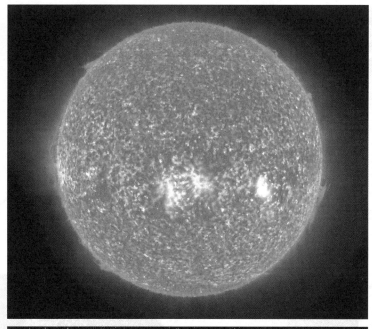

사진 1 **태양(위)**
우주에는 우리의 태양 이외에도, 행성계를 가진 별(항성)이 무수하게 존재한다.
사진: NASA
그림 1 **태양계(아래)**
태양의 주위를 8개의 행성(명왕성을 넣으면 9개)과 수십 개의 위성, 그리고 무수한 소행성과 혜성이 공전
한다. 이러한 태양계가 어떻게 태어났는지는 아직 충분히 해명되지 않았다.
그림: NASA

그림 2 허블 우주 망원경
1990년에 지구 순회 궤도로 쏘아 올린 허블 우주 망원경. 이 망원경은 폭넓은 파장으로 우주를 볼 수 있을 뿐만 아니라, 종래의 지상의 대형 망원경보다도 훨씬 멀고 훨씬 어두운 천체까지도 관측할 수 있게 해준다.
그림: NASA / STScI

인근 우주에 태양계와 매우 닮은 항성계가 200개 이상이나 발견되었다. 바꿔 말하면, 우주에는 항성을 중심으로 그 주위를 몇몇 행성이 공전하는 천체 시스템, 즉 우리 태양계와 같은 항성계가 무수하게 존재한다는 것이 명백해진 셈이다.

이는 태양계도 수많은 항성계 중 하나에 지나지 않는다는 것, 그리고 다른 항성계를 관측하면 태양계 자신의 탄생 비밀도 밝혀질 가능성이 높다는 것을 뜻한다. 태양계 탄생과 관련된 자세한 사항들은 지금도 여러 가지 가설로만 존재하며, 어느 것이 옳은지를 입증할 수 있는 단계에는 아직 이르지 못했다(지금까지 나온 이론에 관해서는 표 1에서 정리했다). 그러나 최근의 우주 관측 결과를 통해 제법 구체적으로 그려 볼 수는 있다. 이제 현재의 태양계 형성 이론이 어떻게 구성되어 있는지를 따라가 보기로 하자. 태양계의 탄생 비밀을 추적

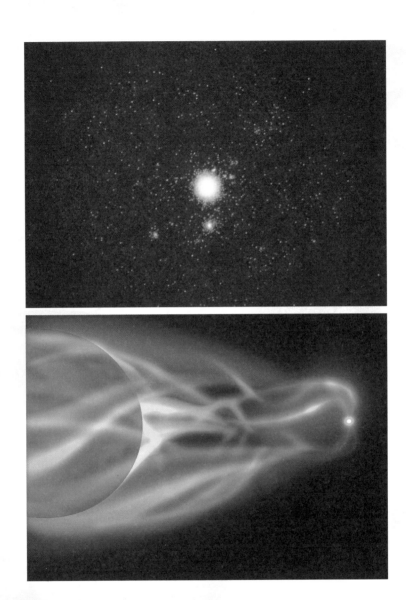

사진 2 쌍성
우주에는 두세 개의 별(항성)이 접근해, 서로 중력으로 속박하여 공전하는 것(쌍성)이 적잖이 있다. 위는 X
선 천문 위성 로세트가 찍은 쌍성인 도마뱀자리 AR성이고, 아래는 쌍성의 상상도이다.
사진: MPE, 그림: ESA

행성	적도 반지름(km)	질량(X10²⁴kg)
태양	696,000	1989000
수성	2,440	0.330
금성	6,052	4.869
지구	6,378	5.974
화성	3,396	0.642
목성	7,1492	1,899
토성	60,268	568
천왕성	25,559	86.9
해왕성	24,764	102
명왕성	1,195	0.014

표 1 태양계 행성의 적도 반지름과 질량

할 때, 가장 먼저 생각해야 할 것은, 태양이 어떻게 해서 생겨났는가
이다.

태양은 태양계의 중심을 이루고 있고, 태양계 전체 질량의 거의
99.9%를 차지한다. 즉 태양 이외의 태양계 구성원인 행성 여덟 개
와 위성(달) 수십 개, 거기에 무수한 소행성이나 혜성 등을 전부 더
해도 그것들의 전체 질량은 태양계 전체의 1000분의 1 정도밖에는
되지 않는다. 게다가 태양을 뺀 질량의 대부분은 목성과 토성이 차
지하고 있다(이들만으로 약 90%)는 것도 잊어서는 안 된다. 덧붙여
서 지금까지 제9행성이라고 여겨지던 명왕성은 2006년 천문학자들
의 국제회의에서 행성에서 제외시킬 것을 결의해, 현재는 준행성
혹은 명왕성형 천체 등으로 불린다. 그러나 지금 질량의 문제만을
보아도 태양의 탄생 과정을 뺀 채 태양계의 기원을 말할 수 없는 것
은 명백하다. 태양계의 탄생과 진화는 곧 태양의 탄생과 진화라고
해도 좋다.

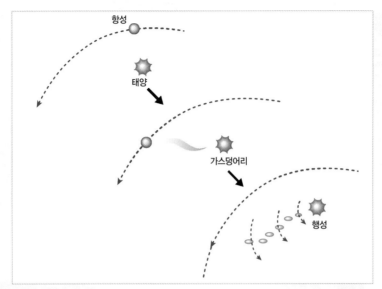

그림 4 **진스-제프리즈의 조석설**
태양과 태양의 근방을 통과하는 항성과의 사이에 작용하는 조석력에 의해, 태양에서 크고 작은 두 개의
가스 덩어리가 솟아나온다. 방추형 가스 덩어리의 중앙 부분에서 대형 행성이, 끝부분에서 소형 행성이
생겨났다고 생각하면, 현재의 태양계의 행성 배열과도 일치한다.

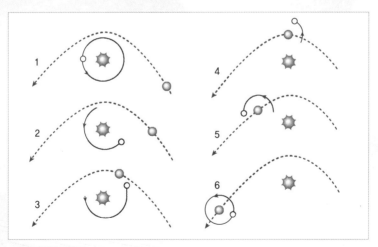

그림 5 **러셀의 쌍성설**
이 가설에서는 태양이 한 개의 동반성과 함께 쌍성을 형성하고 있었다. 그러다 어느 때인가 다른 행성이
그 근방을 우연히도 통과하게 되었고, 그에 따른 거대한 조석력에 의해 동반성으로부터 가스가 나오고,
반성(伴星)이 가진 각운동량의 많은 부분이 이 가스로 이행했다. 그 결과 대단히 큰 각운동량을 가진 지구
와 여타 행성계가 탄생했다.

표 2 **태양계 형성과 관련된 주요 이론**

1. 칸트의 성운설 **1755년(독일)**	처음에는 물질 원소(가스 분자에 해당하는 미립자)가 희박한 집단으로 퍼져 있었다. 무거운 원소는 자체 인력에 의해 가벼운 원소를 끌어당겨, 점차 큰 가스 물질의 핵으로 성장했다. 원소들 사이에는 반발력도 일어나기 때문에, 가스 핵은 여기저기에 선회하면서 서로 충돌해 더 큰 핵이 되고, 그것들이 원시 성운 중심에 있는 거대한 물질 덩어리의 주위를 같은 방향으로 돌아 나온다. 이렇게 해서 태양과 행성이 태어났다.
2. 라플라스의 성운설 **1796년(프랑스)**	처음에는 완만하게 회전하는 거대한 성운 모양의 가스 구球가 있었다. 가스 구는 차가워짐에 따라 수축하고, 회전이 빨라져 평평하게 붕괴되었다. 편평도가 점차 커져 마침내 적도 부분에서 중력과 원심력이 같아지면, 그곳에 가스가 넘쳐 나면서 가스 링이 만들어지고 중심부는 각운동량이 줄어 안정을 이룬다. 그러나 더 수축해 회전 속도가 커지면, 다시 가스 링이 만들어지고, 그것이 응집해 행성이 되었다. 라플라스는 칸트의 설을 알지 못한 채 혼자서 연구했다.
3. 체임벌린-몰턴의 **미행성설** **1905년(미국)**	태양은 본래부터 단독성單獨星이어서 행성을 가지고 있지 않았지만, 어느 때인가 다른 별과 만났다. 천체 두 개가 마주치면, 양자는 서로 쌍곡선 궤도를 그리며 스쳐간다. 가장 가까이 접근했을 때, 두 별에는 강한 조석력이 생기고, 이때 태양 내부에 폭발이 일어나면서 상대 별의 양측에서 여러 미행성이 튀어나왔다. 상대 별이 멀어진 직후, 태양 양측에 나선 모양으로 군집한 미행성 집단의 대부분이 여기저기서 모여 행성 및 위성이 되었다. 다른 별과 마주쳤다는 설에 따라 '조우설'이라고 불린다.
4. 진스-제프리스의 **조석설** **1917년(영국)**	체임벌린-몰턴의 미행성설을 수정한 순수한 조석 기원설이다. 제임스 진스 등은 태양 내부에서 발생하는 폭발이나 작은 행성 집단이 없더라도 태양에서는 연속적으로 물질이 흘러나와 원시 행성과 그 위성이 생긴다고 주장했다. 행성이 집결하여 남겨진 물질은 산란해 행성의 궤도 운동으로 영향을 주고, 그 공전 궤도는 거의 원형이 되었다. 수성의 경우, 지금의 궤도가 되기까지 30억 년이 걸렸다. 이 설은 각운동량의 문제를 해결했다고 보이지만, 그것은 러셀에 의해 부정되었다.
5. 러셀의 쌍성설 **1935년(미국)**	조석설은 성운설보다 태양계의 현재 모습을 잘 설명할 수 있지만, 각운동량을 설명하기에는 충분하지 않다. 이를 보완하기 위해 러셀은, 태양이 본래부터 쌍성이었다고 생각했다. 조석력에 의해 행성이나 위성이 생긴다는 데에는 의견이 일치한다. 그러나 다른 별과 스쳐 갈 때, 그 별이 태양의 동반성을 '데리고 떠났다'라고 하는 것이 다르다. 1936년에 R. 리틀턴은 이 설을 이론화하고, 이런 일이 실제로 일어날 수 있다는 것을 증명했지만, 이것은 기적을 기대하는 가설이다.

6. 바이츠제커의 난류와동설亂流渦動說 1944년(독일)	현재의 성운설(다른 천체의 힘을 빌리지 않고 자율적인 과정에서 탄생)의 직접적인 기원은 바이츠제커에 의해 시작된다. 고전적 성운설에 주목해 새로운 난류와동이라는 개념을 도입한 그의 이론에 따르면, 태양계(행성계)는 태양을 둘러싼 원반 모양의 가스 구름이 기원이 되어 생겨났다고 한다. 이 가스 구름은 두께가 1천문단위, 질량이 태양의 10분의 1 정도이며, 전체가 태양을 둘러싸고 있다. 태양에서 멀수록, 질질 끄는 효과(점성)가 이러한 속도 분포를 고르게 하는 것 같다. 이렇게 해서 각운동량은 바깥쪽으로 전파하고, 중심의 태양의 자전은 지금과 같이 늦춰졌다. 또 점성의 마찰 저항이 난류와동(제1차 소용돌이)을 일으키고, 그 빈틈에서는 제2차 소용돌이가 발생한다. 이 제2차 소용돌이에서 행성이 만들어진다. 이것으로 태양과의 거리에 따르는 행성의 크기, 자전 방향 등도 설명 가능하다.
7. 휘플의 우주 먼지설 1947년(미국)	바이츠제커의 설과 같은 난류와동에 바탕을 둔 설이다. 원시태양계 성운의 성분은 주로 고밀도의 우주 먼지이다. 이 구름 안에는 곳곳에 작은 난류가 있지만, 수축해 태양이 될 때 주변에서 내부를 향해 먼지 덩어리가 연속적으로 생겨나고, 그것이 소용돌이치면서 나사 모양으로 낙하한다. 이들은 주위의 먼지를 모으면서, 점차 원시 행성을 형성한다.
8. 델 할의 성운설 1948년(덴마크)	바이츠제커 성운설의 결점을 수정하는 가설로, 태양계는 태양이 지금의 크기와 온도에 이르고 나서 탄생한 것이라고 주장한다. 델 할은 바이츠제커가 주장한 설의 특징인 난류와동의 배열 방법은 중시하지 않고 단지 소용돌이가 행성의 기초가 되는 핵을 만들어 낸다는 점을 강조했다. 이 의견은, 행성의 공전·자전 운동뿐만 아니라, 내행성에서 외행성에 이르는 조성을 설명하려고 한다.
9. 카이퍼의 성운설 1950년(미국)	바이츠제커 및 델 할의 설을 더욱 발전시킨 것으로, 행성이 제1차 소용돌이에서 생겨났다고 주장한다. 이 경우, 탄생한 행성의 자전 방향은 공전 방향과는 반대가 되지만, 태양 때문에 생기는 강력한 조석 마찰을 받아서, 곧 자전 방향은 순행(공전 방향과 일치)하게 된다. 카이퍼의 설에 의해서 성운설이 그때까지 가지고 있던 이론적인 난점은 일단 전부 제거되었다.
10. 전자 상호작용설	빌케란(노르웨이) 및 알벤(스웨덴) 1912~1935년 지금까지 나열한 모든 가설은, 역학 작용에 의해서만 태양계의 형성을 설명하려고 한다. 그러나 이와 같은 방향에 의문을 품은 연구자들이 당시에도 적지 않았다. 그래서 1912년, 노르웨이의 빌케란은, 태양 자장 등의 전자 상호 작용에 주목한 가설을 제공했다. 이에 따르면, 원시태양에서 방출된 방대한 하전 입자가 소용돌이치면서 태양에서 멀어지고, 태양의 중력과 태양 자장에 의한 반발력에 걸맞은 고리 모양으로 집적해 한 점에 모여 행성을 만들었다고 한다. 이것은 매우 불완전한 이론이었지만, 1935년, 스웨덴의 한네스 알벤이 수정했다. 그에 따르면, 원시태양이 전리 물질의 구름과 만나고 거기에서 중력과 자장에 의해 대량의 하전 입자를 흡수함으로써 행성을 만들어 냈다고 한다. 태양계 형성 역할을 주로 중력에 둘지, 태양 자장에 둘지의 양자택일은 불가능하고, 이를 통합한 아이디어를 내지는 않았다.

**11. 현재의 이론
1960년대~**

현재의 이론으로는, 1960년대 소련의 빅토르 사프로노프가 연구했던 '미행성 충돌설(사프로노프 모델)', 미국의 A. G. W. 캐머런이 제출했던 '캐머런 모델', 1970년대에 교토 대학교의 하야시 주시로가 발표했던 '교토 모델', 도쿄 대학교 마쓰이 다카후미의 '비균질 모델' 등이 있다. 어느 것이나 모두 기본적으로는 성운설을 기반으로 행성의 기원을 설명하려 하고 있다. 사프로노프 모델, 교토 모델 등은, 원시태양계 성운의 질량은 작았다고(태양 질량의 몇 %), 캐머런 모델은 대단히 컸다고(태양 질량과 같은 정도) 설명한다. 이 차이는 행성이 미행성의 집적으로 태어났다는, 혹은 성운 가스가 중력 분열을 일으켜 수축해 직접 행성이 되었다는 두 개의 시나리오의 분기점이 된다. 또 비균질 모델은 미행성의 집적은, 최초로 철운석과 같은 물질의 집적이 일어나고, 그 후에 여러 가지 조성의 미행성이 합체했다고 설명한다.

중력 수축과 열팽창 대결

태양의 기원과 관련된 현재의 표준적인 이론은 우주에 떠도는 가스와 먼지로 이루어진 거대인 구름(성운 혹은 성간 분자 구름)에서 태양이 탄생했다는 것이다. 과거 어느 시점에서 성운 자체의 중력이 가스의 팽창력을 넘어섰다. 그 결과 성운이 수축하기 시작하고, 마침내 한군데에 집중해서 태양(항성)을 탄생시켰다.

이때 중력이 가진 수축력이 가스의 팽창력을 이기게 된 계기는, 근처의 거대한 별이 일으킨 초신성 폭발로부터 몰려든 에너지나 전자파의 물결, 혹은 와상은하의 밀도파 통과 등이다. 이 이론은 칸트-라플라스 설을 토대로 하고 있으며, 19세기 독일의 물리학자 헤르만 헬름홀츠와 영국의 수리 물리학자 켈빈 경에 의해 과학적으로 체계를 잡아 나갔다. 이는 태양에 관한 이론이지만, 우주에 무수하게 존재하는 항성도 기본적으로는 이것과 같은 구조와 과정에서 탄생했다고 생각할 수 있다.

우주 공간을 떠도는 성간 분자 구름은 –200°C 이하의 초저온이기

사진 3 **헤르만 헬름홀츠**
독일의 물리학자. 처음에는 의학의 길을 걸었지만 후에 물리학으로 진로를 바꾸고, 스물여섯 살 때 에너지 보존 법칙을 정식화하는 과학사상 불후의 논문을 썼다. 업적은 매우 다양한 분야에 걸쳐 있으며, 켈빈 경과 함께 제출한 별의 수축 이론 '켈빈–헬름홀츠 수축'도 그중 하나이다.
사진: AIP

사진 4 **켈빈 경**
켈빈 경으로 불리는 영국의 윌리엄 톰슨은 겨우 여덟 살 때 수학자인 아버지의 강의를 듣고 좋아할 정도로 천재였다. 1851년 클라우지우스와는 독립적으로 열역학 제2법칙을 도출했으며 또 전자기 현상을 에테르의 역학으로 이론화하는 시도를 하는 등 업적은 광범위하게 걸쳐 있다.
사진: A. G. 웹스터 / AIP

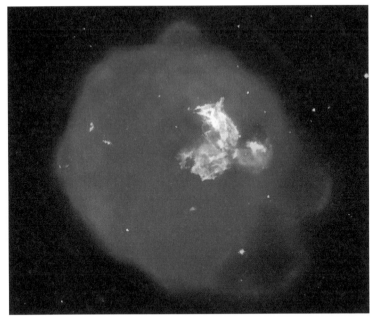

사진 5 초신성의 잔해
분자 구름의 안이나 그 가까이에서 초신성이 폭발하면, 강렬한 충격파가 발생해 주위의 우주에 퍼지고, 분자 구름에 무리를 일으키게 한다. 이것은 찬드라 위성이 촬영한 X선 화상을 광학 화상 및 전파 화상과 합성한 초신성의 잔해 LMC-N63A이다.
사진: NASA et al.

때문에, 구름을 만드는 원자의 대부분은 서로 결합해 분자가 된다. 대부분은 수소 분자이지만, 헬륨, 일산화탄소, 시안, 암모니아 등도 포함되어 있다. 성간 분자 구름이 우주 공간에 퍼져 있는 경우, 그것은 균일하지도 정적이지 않고, 밀도 분포도 균일하지 않으며, 난류 혹은 소용돌이 상태가 된다. 균일하지 않은 상태나 난류가 만들어지는 원인으로는 분자 구름 내부의 동요, 온도나 밀도가 다른 분자 구름과의 충돌, 가까운 별의 폭발(초신성)에 의한 충격파의 영향 등이 고려되고 있다.

가스가 밀접한 부분에서는 질량의 집중에 의해 주변보다도 중력

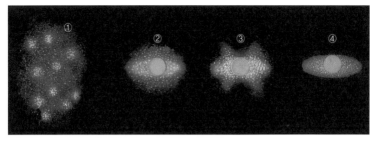

그림 6 **별의 탄생 과정**
① 별이 탄생하는 무대가 되는 가스 밀집 부분이 성간 분자 구름 안에 생겨난다.
② 중심부에 분자 가스의 원반을 동반한 원시성이 형성된다.
③ 원시별의 원반과 수직 방향으로 격렬한 분자 분출(분자의 분수)이 생긴다.
④ 분자가 분출해 주위의 먼지를 날리면 주위의 물질이 떨어지는 것을 멈추고, 원반을 동반한 새로운 별
   이 출현한다.

이 강하게 작용하기 때문에, 비균일성은 더욱더 커지고, 가스의 밀도는 점차 높아진다. 이와 같은 과정이 진행되면, 마침내 별의 알, 즉 '원시별'이 모습을 드러낸다.

　여기에서 우리는 앞에서 설명한 성간 분자 구름이 가진 중력과 팽창력의 문제를 현재의 이론으로 간단히 정리해 놓았다. 별의 진화나 수명을 생각할 때, 이 두 가지가 자주 모습을 드러내기 때문이다. 성간 분자 구름은 내부에 두 종류의 에너지, 즉 중력 에너지와 열에너지를 가진다. 이 두 에너지는 일종의 경쟁 관계에 있다. 중력은 분자 구름을 끌어당겨 끝없이 수축시키려 한다. 하지만 분자 구름이 수축하면, 그에 따라 내부의 압력과 온도가 상승하고, 반대로 열팽창하려는 힘을 생기게 한다. 이렇게 해서, 중력 수축과 열팽창의 대결이 시작된다.

　이 두 힘의 싸움은, 분자 구름의 수축, 별의 탄생, 그리고 별의 진화에서 죽음에 이르기까지, 몇 천만~몇 억 년, 때로는 100억 년 이상이나 되는 시간 동안 단 한순간도 쉬지 않고 계속된다. 질량이 태

양의 10배 이상이나 될 것으로 추측되는 거대한 별의 경우에는, 마지막으로 중력 수축력이 열팽창력을 이기기 때문에, 별은 중력 붕괴에 의한 초신성 폭발을 일으키고, 자기 자신을 터뜨리며 우주에서 소멸한다(나중에 중성자별이나 블랙홀을 남기기도 한다).

원시별이 제몫을 하는 주계열별이 될 때

그러나 분자 구름의 덩어리가 존재한다고 하더라도 앞서 보았던 바와 같은 중력과 열의 관계가 충족되지 않으면, 별이 생길 수 없다. 분자 구름이 단지 성간 가스로 끝나는지 하늘에 빛나는 별이 되는지의 경계를 정하는 것은, '진스의 기준'이라는 방정식이다. 이 이름은 영국의 천문학자 제임스 진스와 연관이 있다.

진스의 설명에 따르면 예를 들어 분자 구름의 질량이 태양의 질량과 같은 정도더라도, 그것이 반경 3광년 정도보다 널리 분포했을 때는 중력 수축이 일어나지 않고, 따라서 별이 탄생하지 않는다. 한편, 분자 구름의 질량이 태양의 1000~1만 배이고, 그에 따라 분포 범위가 직경 수십~100광년이라면, 중력 수축에 의해 하나가 아닌 다수의 별들이 탄생해 성단이 형성될 가능성이 있다. 별은 보통 단독으로 생겨나지는 않고, 최초의 원시별이 생기면, 그 별이 방사하는 에너지에 의해 주위의 성간 가스가 압축되어 차례차례 별이 태어나 성단이 형성된다고 여겨진다.

만일 이때, 수축이 너무 급속하게 진행되어 내부의 압력과 온도가 급상승하면, 별이 되기 전에 폭발해 버리거나 내부 압력의 방해를 받아 중력 수축이 멈출 것이다. 그러나 실제로는, 가스 수축에 의한

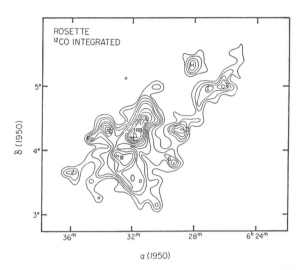

ROSETTE
¹²CO INTEGRATED

δ (1950)

α (1950)

그림 7 **성간 분자 구름**
원시별을 생겨나게 했다고 보이는 성간 분자 구름(전파관측으로 찍은 외뿔소자리의 장미성운). 수소와 헬륨을 주성분으로 하는 가스 구름 속에 어느 정도의 덩어리가 있다. 태양도 이렇게 해서 만들어졌다고 여겨진다.

자료: Blitz & Thaddeus

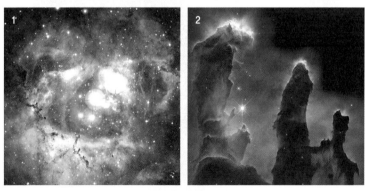

사진 6
1 외뿔소자리의 장미성운을 광학 망원경으로 본 화상. 장미성운은 5000광년 거리에 있으며 지름은 태양계의 6만 5000배에 달한다.
사진: 2003 캐나다–프랑스–하와이 망원경 연합
2 대량의 별을 만들었다고 추측되는 세 개의 기둥처럼 뻗은 뱀자리의 독수리성운(M16, 거리 7,000광년). 분자 구름 안에서는 지금도 수많은 별들이 탄생하고 있다. 우리의 태양도 약 50억 년 전에 이렇게 생겨난 별 중 하나였을 것으로 보인다.
사진: NASA, ESA, STScI

온도 상승은 그다지 급격하지 않다. 그 때문에 온도 상승분의 대부분이 적외선으로 우주 공간에 방출되어 가스는 저온이 유지되고, 분자 구름은 중력 수축을 계속할 수 있다.

가스의 밀도가 극히 높아져 원래 분자 구름 밀도의 10^{20}배(1조 배의 1억 배)에 도달하면, 마침내 중심부의 가스는 '불투명해져', 결국 적외방사가 바깥으로 도망갈 수 없을 정도로 진해진다. 이렇게 되면 열이 내부에 모이기 시작하고, 중심부(핵)의 온도는 급상승한다. 마침내 원시별이 모습을 드러낸다.

이 단계에 이르러도 핵 바깥쪽의 가스는 아직 적외방사에 비해 '투명하기' 때문에, 가스는 중심부를 향해 낙하를 계속하고, 핵의 밀도와 온도는 더욱더 높아진다. 분자 구름이 수축을 시작해 직경이 1000천문단위(태양-지구 간 거리의 1000배=1500억km) 정도가 되는 시점부터 이 단계에 겨우 이르는 데 걸리는 시간은 수천 년이다. 이것은 그 이후 별의 일생과 비교하면 순간이라고 할 수 있을 정도로 짧은 시간이다.

이렇게 해서 원시별에 중심핵이 생기고, 내부에 급격하게 축적한 열은 도망갈 길을 잃어 충격파를 발생시킨다. 충격파는 원시별의 표면 가까이 도달하여 표면을 뜨겁게 하고, 태어난 지 얼마 안 되는 별의 알은 갑자기 밝게 빛난다. 일정한 열을 방출한 원시별의 핵은 다시 수축을 시작해, 압력과 온도가 수백만 도까지 상승하면 마침내 수소의 핵융합 반응이 시작된다.

여기까지 이르면, 별 중심부의 핵융합에 의해 발생하는 방대한 열에너지가 주위의 농밀한 가스를 가열하고, 초고온이 된 가스의 팽창력(방사압)은 중력에 의한 수축력과 완전히 길항하는 것처럼 된다. 중력 에너지와 열에너지는 균형을 이루고, 원시별은 제몫을 하는 항성이 되어 '주계열별'로서의 일생이 시작된다.

오리온성운 가운데서 이론과 일치함을 보다

그러나 별(및 태양)의 탄생에 관한 이 이론 모델은 매우 단순화된 것이고, 성간 분자 구름의 자전 운동이나 이러한 분자 구름을 포함한 은하 전체의 회전 운동 등의 요소는 고려되지 않았다. 분자 구름이 천천히 회전한다면, 자기 중력으로 수축함에 따라 각운동량 보존 법칙에 의해 점차 회전 속도가 빨라진다. 이것이 사실이라면 강한 원심력이 작용해 분자 구름이 몇 개로 분열하는 일이 일어날지도 모

사진 7 **오리온성운의 원시행성계 원반**
오리온성운의 네 개의 원시행성계 원반. 모두 두꺼운 가스의 원반이며, 중심부에 구멍이 뚫려 있다. 여기에 태어난 별이 있다고 생각된다.
사진: NASA, MPIA

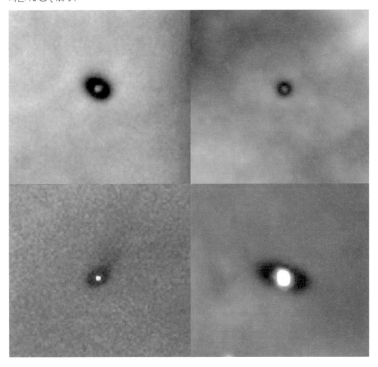

른다. 또 질량이 큰 별 혹은 작은 별이 생길 때, 서로 중력의 영향을 미치는 여러 별들이 근거리로 동시에 생길 때 그 과정은 각각 달라질 것이다.

이것은 별이 실제로 탄생할 때는 여기서 이야기한 대로 훨씬 복잡한 현상을 동반할 뿐만 아니라 모든 별에 공통으로 나타나지도 않는다는 것을 뜻한다. 그러나 별의 탄생 서막이라고도 불리는 이상의 시나리오는, 천체물리학의 최신 이론으로서 거의 정립된 것이라고 할 수 있다. 실제로 오리온성운에서는, 이 이론이 주장하는 것과 같은 형태로 별이 만들어지는 장대한 광경이 관찰된다.

물론, 우리의 태양도 이렇게 해서 태어난 항성 중 하나이다. 탄생 후 50억 년 정도 경과한 것으로 보이는 태양은, 질량이나 비교적 안정한 상태로 볼 때, 우주에서는 흔한 별 중 하나이고, 현재 그 일생의 정확히 한가운데쯤에 이르렀다고 여겨지고 있다. 그렇지만 여기에서 문제는, 태양이 그 주위에 지구를 시작으로 하는 행성군과 그 밖의 소천체를 거느리고 있다는 것이다. 도대체 태양은 언제 어떻게 행성계를 만들어, 태양계의 대장이 되었을까?

태양계의 기묘한 '각운동량'

어쩌면 태양계의 운동이 완벽한 질서를 이루며 일어난다는 암묵적인 전제가, 태양과 행성 등과 관련된 이런 복잡한 시스템을 이해하기 어렵게 했는지도 모른다. 알 수 없는 가운데서도 특히 알 수 없는 문제는 태양과 행성의 '각운동량'이다(각운동량은 물체의 회전 운동의 크기를 말한다. 물체의 직경이나 형태가 변해도 변하지 않는다). 본문에서 본 것처럼 태양계 질량의 거의 대부분(99.87%)은 태양이 차지하고 있다. 행성, 소행성, 위성 등을 모두 포함해도 나머지 질량은 0.13%밖에 되지 않는다. 어느 정도 각운동량이 있어도 분배는 정반대가 된다. 태양계 전체가 가진 각운동량의 99.5%를 행성 등이 차지하며, 태양의 각운동량은 0.5%밖에 되지 않는다.

각운동량을 결정하는 요소는 물체의 질량과 회전 속도, 그리고 회전축에서 물체까지 거리이다. 실제 질량의 비율에 맞춰, 각운동량의 대부분이 태양에 집중되어 있다고 하면, 그것은 현재의 태양이 가진 각운동량의 약 150배가 되어, 태양의 자전 주기는 현재 25일이 아니라 네 시간이 될 뿐이다. 태양이 여전히 원심력으로 분열하는 것처럼 보이지만 사실은 그렇지 않다. 태양계의 기본이 된 성간 구름은 전체가 하나의 덩어리를 이루며 자전하고 있기 때문에 태양계의 형성 과정 어딘가에서 각운동량의 대부분이 태양에서 행성계로 이동해 버렸다는 것이다. 그렇다면 그 일은 언제, 어떻게 이루어졌을까? 이 문제에 관해서 천문학자들은 오랫동안 관찰해 왔다. 한 가지 가능성은 태양계 형성기에 태양에서 강하게 불어나온 태양풍이 태양의 각운동량을 이동시켰다는 것이다. 하지만 이것은 억측에 불과하다. 태양계 운동의 열쇠는 완전한 질서가 아니라, 예측할 수 없는 '카오스'라는 의견이 최근에 나왔다. 그렇다면 이 문제의 해답은 카오스 속에서 찾을 수 있을지도 모른다.

태양계의 세 가지 관측 사실

풀어야 할 수수께끼가 많을 때, 그 수수께끼를 풀기 위해서 가장 먼저 해야 할 일은 그것을 어떤 적당한 이론 안에 끼워 넣는 것이 아니라, '손에 넣은 사실'에 주목하는 것이다. 셜록 홈즈도 콜롬보 형사도, 불가해한 사건을 앞에 두었을 때는, 현장에 남겨진 얼마 안 되는 사실이나 증거를 음미하고, 거기에서 마침내 사건의 전모를 풀어낸다.

태양계의 탄생이라는 큰 수수께끼를 앞에 두고, 천체물리학자가 해야 할 일도 이와 같다. 태양계를 관측한 결과에서 출발하는 것이 아닌 한, 언뜻 보기에 아무리 훌륭해 보이는 이론일지라도 과학적 실증성이 부족한 그저 창작물에 불과한 것이 되어 버리고 만다. 그렇다면 태양계에 대해서 우리가 손에 넣은 사실은 무엇일까? 현재까지의 관측 결과를 토대로 보면, 태양계는 크게 다음과 같은 세 가지 특징을 지니고 있다.

① 행성의 운동에 관한 것(역학적 특징)

태양계의 모든 행성은 태양의 주위를 태양의 자전 방향과 동일한 방향으로, 그것도 거의 태양의 적도면에서 공전하고 있다. 또 행성의 대부분은 동일한 방향으로 자전하고 있다. 다만 금성만은 신기하게도 자전 방향이 다른 행성과 역방향이고, 또 혜성의 '구름'은 태양의 가장 바깥을 거의 공 껍질 모양으로 둘러싼 예외적인 모양도 있다.

② 행성의 화학 조성에 관한 것(화학적 특징)

수성, 금성, 지구, 화성 이 네 행성은 주로 금속이나 암석으로 이루

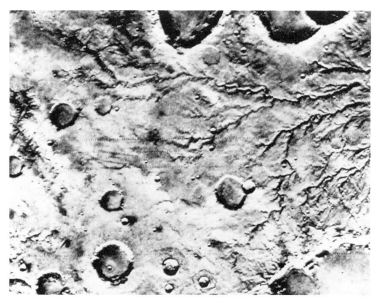

사진 8 **화성에 존재하는 물의 증거**
화성 탐사선 바이킹 호가 마리네리스 협곡 북부에서 촬영한 물이 흐른 흔적.
사진: NASA

어져 있다. 그러나 목성과 토성은 주로 수소와 헬륨 같은 가벼운 원소로 이루어져 있으며, 이것은 태양을 포함한 항성의 조성과 같다. 한편 천왕성, 해왕성, 명왕성 그리고 혜성 등 바깥쪽으로 갈수록, 그 조성 대부분이 얼음으로 변한다. 행성계 전체를 두고 보면, 태양에서 멀어질수록, 무거운 원소에서 가벼운 원소로 차례대로 변화한다. 하지만 언뜻 보면 질서정연한 배열을 이루고 있는 것처럼 보이지만, 지구와 화성에는 많은 얼음이 존재한다. 만일 이 두 암석질 행성이 고온에서 태어났다면, 엄청난 양의 물은 어디에서 가지고 왔을까?

③ 행성의 나이에 관한 것(연대적 특징)

방사성 동위 원소를 이용한 연대 측정[*]에 따르면, 지구의 암석 중에는 적어도 38억 년 전의 것, 그리고 운석 중에는 42억 년 전의 것이 있다. 더 나아가 운석 중에는 45억~46억 년 전의 것도 있다. 즉 행성계는 적어도 46억 년 전에 탄생한 것이 된다. 이 나이는 탄생 후 50억 년 정도 경과한 것으로 계산되는 태양의 나이와 대략 일치한다. 따라서 태양과 행성계가 거의 동시에 태어났을 가능성이 높아 보인다. 태양계의 기원에 관한 이론(태양계 형성 이론)은, 우선 이들 세 가지 특징을 분명하게 설명하고, 동시에 앞에서 설명한 별의 탄생에 관한 이론과도 모순되지 않아야만 한다.

가장 오래된 이론이 새로운 옷으로 갈아입고 부활하다

지금까지 제안된 태양계 형성 이론은 한두 개가 아니다. 과거 칸트와 라플라스의 '성운설'에서 시작되어, '조석설', '쌍성설', '난류 와동설', '전자 상호 작용설' 등 지금까지 여러 가지 가설이 등장했다. 그러나 여기에서는 현재의 주류 이론에만 주목하겠다. 앞선 세 가지 특징에서 이끌어 낸 결론은 우리 태양계가 지금부터 46억 년쯤 전에 회전하는 성간 분자 구름에서 태어났다는 것이다. 이러한 놀랄 만한 결론은 새로이 등장한 가설들이 아니라 300년이나 전에 처음 나온 가장 오래된 태양계 기원설과 매우 유사하다.

17세기 프랑스의 철학자 르네 데카르트는 자신의 저서 《철학의 원리》에서, 모든 우주는 가스 상태에 있는 물질의 소용돌이 운동으

▪ 연대의 절대치를 측정하는 것을 절대연대측정이라 하고, 온도 등의 외적 환경의 영향을 받지 않는 '시계'로서 방사성 원소의 붕괴나 붕괴생성물의 축적량을 이용한다. 잘 알려진 것으로는 탄소14(반감기 5730년)의 존재비를 통해 생물화석의 연대를 측정하는 방법이 있다.

사진 9 **르네 데카르트**
17세기 프랑스의 수학자이자 철학
자로 근대 철학의 아버지라고 불
린다. 1637년에 《방법서설》을 저술
하고, 분석·통합 수법이나 심신
이원론, 대수기하학 등 근대적인
과학 수법의 기본을 수립했다. 저
서 《철학의 원리》에서는, 태양계가
가스의 자기 수축에 의해 탄생했
다고 하는 현대적 이론의 원형을
남겼다.

사진 10 **이마누엘 칸트**
독일 계몽주의 최고의 철학자로
독일 관념론의 창시자. 데카르트의
태양계 형성 이론을 알았던 그는
이것을 상세하게 고찰하여 스스로
성운설로 발전시켰다.

로 이루어진다는 우주관을 발표했다. 그리고 태양계도 같은 모양으로 광대한 넓이를 가진 가스의 자기 수축에 의해 탄생했으며, 그 과정에서 내부에 생긴 소용돌이가 행성을 만들어 냈다고 말했다.

데카르트의 뒤를 이은 이는 그로부터 100년쯤 후의 위대한 독일 철학자 이마누엘 칸트이다.《순수 이성 비판》등의 저작으로 알려진 칸트는 젊었을 때,《천체의 일반 자연사와 이론》(1755년)이라는 책을 익명으로 발표했다. 그는 이 책에서 태양계가 가스 형태의 성운에서 탄생했다는 설을 상세하게 논했다. 40년쯤 후, 프랑스의 천문학자이자 수학자인 피에르 시몽 라플라스가 이와 비슷한 의견을 내놓았고, 그로 인해 이 둘을 합쳐 '성운설' 혹은 '칸트-라플라스 설'이라고 부르게 되었다.

이 설은 그 후에 등장한 여러 가설과는 큰 차이가 있다. 태양과 그것을 둘러싼 행성은, 공통 원시성운에서 '동시에' 태어났다고 하는 부분이다. 다른 의견들은 모두 태양이 생겨난 다음에 다른 외부적 요인이 작용해 행성이 생겨났다고 주장하고 있다. 칸트-라플라스 설에 따르면, 최초의 우주에는 천천히 회전하는 고온의 가스가 있었다. 가스 구름은 온도가 내려감에 따라 수축했다. 그러자 각운동량의 보존 법칙에

사진 11 **라플라스**
프랑스의 수학자이자 천문학자. 열화학, 인력 이론, 확률론 등 다양한 분야에서 활약하고 '프랑스의 뉴턴'으로 불렸다. 저서《천체역학》전5권 중에서 칸트와는 별도로 성운설을 전개했다. 그 때문에 성운설을 '칸트-라플라스의 성운설'이라고 한다.

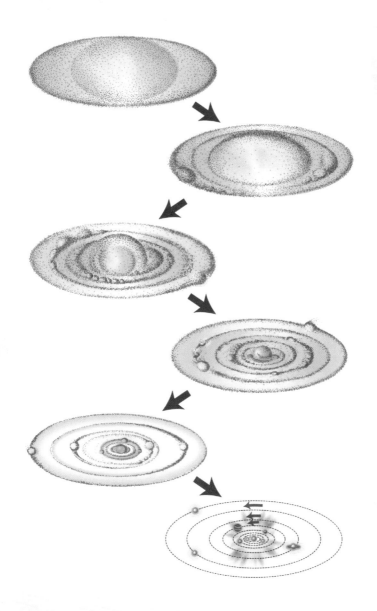

그림 8 칸트–라플라스의 성운설
희박한 가스 원반이 수축하면서 점차 회전이 빨라져, 바깥쪽에서 차례로 가스 분자의 연결이 끊어진다.
이 연결이 한 점으로 응집해 차차 행성을 형성했다. 이것이 성운설의 기본적인 시나리오이다.

의해 가스 구름의 회전은 점차 빨라졌고, 적도 부분의 원심력이 강해졌다. 원심력은 마침내 중력을 이기고, 중심부의 '본체'에서 차례차례 분리된 가스는 본체를 도는 고리가 되었다. 이것이 다음에 수축해 행성이 되었다. 한편, 본체는 더욱더 수축해 태양이 되었다는 것이다.

그렇지만 이 설은 몇 가지 문제가 지적되었다. 예를 들면, 가스의 고리가 스스로 수축해 행성이 될 수 없으며, 태양의 자전 속도는 만약 최초의 가스 구름의 회전이 보존되었다면 지금보다 훨씬 빨라지지 않으면 안 된다는 반박 등이다. 그래서 이러한 문제점, 특히 자전 속도의 보존 문제를 피하기 위해서, 뛰어난 상상력을 지닌 사람들이 이와는 다른 의견을 차례차례 내놓았다. 예를 들면 '조우설'이나 '조석설'은 일찍이 다른 항성이 우연히도 태양의 근처를 통과했고, 그때의 조석력에 의해 태양의 표면에서 가스가 분출되었으며, 그 가스로부터 행성이 태어났다고 설명한다.

또 태양은 일찍이 두 개의 별이 서로를 둘러싼 쌍성을 형성하고 있었지만, 상대 별(동반성)에 다른 별이 접근해 그 표면에서 가스를 내보냈고, 그것이 태양에 잡혀 행성이 되었다는 '쌍성설'도 등장했다. 그러나 이러한 '새로운 학설'은 살아남을 수 없었다. 항성에서 분출된 고온의 가스는 아무리 굳어져도 행성이 될 수 없다. 그러기는커녕 우주 공간으로 확산되어 소멸해 버린다는 것이 밝혀졌기 때문이다.

1940~1950년대에 들어서자, 오래된 성운설들이 현대 과학의 도마 위에 올랐다. 앞서 열거한 태양계의 세 가지 특성이 새로이 검토되었다. 이후 성운설을 기초로 하는 태양계 이론이 갑작스럽게 차례로 등장했다. 그것들은 실제 열 종류 이상이었다. 마치 천문학자들이 태양계 만들기 경쟁을 벌이는 것 같았다.

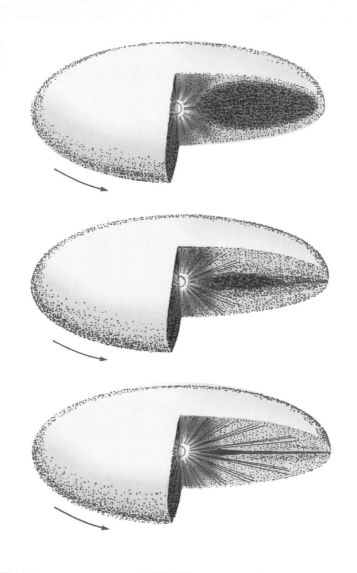

그림 9 **원시태양계 성운**
원시태양계를 둘러싸고 회전하는 가스 원반(원시태양계 성운) 중에서, 가스 분자보다 무거운 먼지(고체 입자)가 원반의 적도면을 향해 낙하하고, 그 결과 밀도가 높아짐에 따라 온도가 상승해 간다. 이렇게 해서 생겨난 가스와 먼지의 원반이 원시태양계 성운이다.
자료: B. 레빈, 《지구와 행성의 기원》

각운동량 보존과 '원시태양계 성운'의 탄생

새로운 옷을 입은 성운설의 대표적인 시나리오는 이 책 전반부에서 본 별의 탄생 이론에서 시작한다. 다른 항성과 마찬가지로 태양계의 이야기도 성간 분자 구름이 자체 중력에 의해 수축할 무렵이 출발점이다. 이러한 분자 구름은 천천히 회전하고 있지만, 수축에 의해 직경이 작아지고 그에 따라 각운동량의 보존에 의해 자전 속도가 점차 빨라졌다. 중심부가 원시별(원시태양)이 되었을 무렵에는 속도는 대단히 빨라지고, 바깥쪽을 둘러싼 가스에는 강한 원심력이 생겼다. 그때문에 가스의 일부는 더 이상 원시태양을 향해 낙하할 수 없게 되고, 쉽게 붕괴되어 원시태양의 주위를 도는 가스 원반이 되었다. 이 원반 모양의 가스와 먼지 구름을 '원시태양계 성운'이라고 부른다.

원반을 향해 수축하는 가스와 먼지는 자체 중력 에너지의 해방에 의해 온도가 상승함과 동시에, 원시태양에서 방사를 뒤집어써 더욱더 온도가 올라갔다. 원시태양에 가까운 원반의 중심 부근에서는 온도가 상승해 고체 성분의 먼지 중 일부가 증발했지만, 남은 것이 그대로 살아남아 행성을 만들 재료를 준비할 수 있었다. 이 전제에 대한 의견에서 천체물리학자들은 큰 차이를 보였다. 다음에 행성을 만들어 낼 가스 원반의 질량에 대해서이다. 어떤 연구자는 그 질량은 현재의 행성 전체 질량의 몇 배 정도라고 생각하고, 또 다른 연구자는 그것이 태양의 질량에 필적할 정도로 컸다고 주장한다. 양쪽의 차이는 몇 백 배나 된다. 그리고 어느 쪽을 택하느냐에 따라 이후 행성 형성의 과정이 크게 바뀌게 된다. 하지만 현재 행성의 질량을 전부 합친 것보다는 훨씬 컸다는 점에는 모두 일치한다.

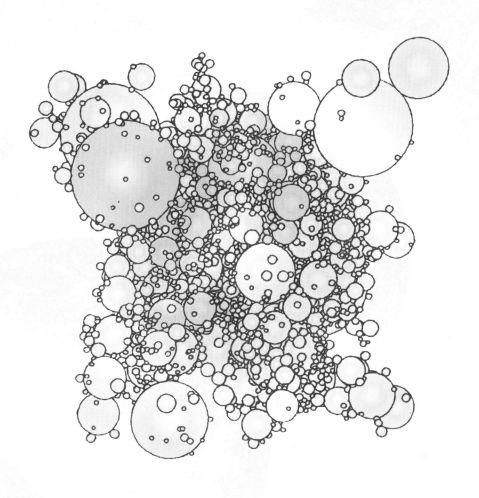

그림 10 원시행성계 성운 안의 미행성 형성 시뮬레이션
원시행성계 안에서 입자들이 결합해 미행성으로 성장하는 모양을 시뮬레이션한 것이다. 행성은 이와 같은
상태에서 시작한 것일까?
자료: 《기원》, 케임브리지 대학교 출판부

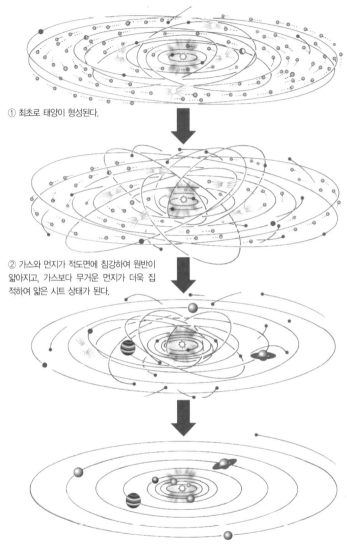

① 최초로 태양이 형성된다.

② 가스와 먼지가 적도면에 침강하여 원반이 얇아지고, 가스보다 무거운 먼지가 더욱 집적하여 얇은 시트 상태가 된다.

③~④ 시트의 중력이 불안정해져 분열하고, 그것이 모여 미행성을 형성한다.

그림 11 **사프로노프 모델에 근거한 미행성 충돌설**
자료: B. Levin

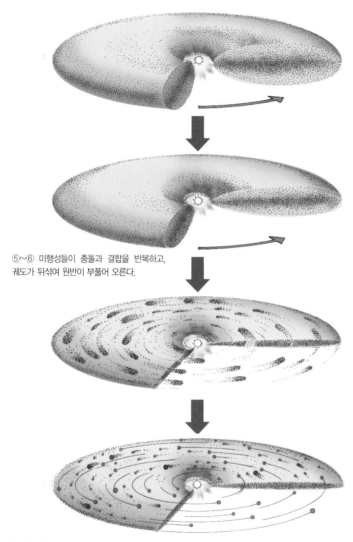

⑤~⑥ 미행성들이 충돌과 결합을 반복하고,
궤도가 뒤섞여 원반이 부풀어 오른다.

⑦~⑧ 충돌을 반복되면서 미행성이 행성으로
성장하고 평탄한 궤도로 돌아간다.

이제 행성의 탄생을 눈앞에서 따라가다

이렇게 해서 직경이 현재의 태양계 정도인 가스와 먼지의 원반이 생기고, 수축에 의한 중력 에너지의 해방도 끝나면서, 원반은 회전을 하며 차가워지기 시작했다. 그러나 중심부에서는 태어난 지 얼마 안 되는 태양이 강한 방사를 내보내기 때문에, 원반에는 태양으로부터의 거리에 따라 온도차가 생겨났다.

냉각되는 원반 안에서 가스 분자끼리 화학 결합이 이루어져 여러 종류의 화합물이 생겨났다. 그리고 그것들이 모여 액체나 고체 입자를 형성한다. 가장 먼저 생겨난 입자는 금속이나 규소(암석을 만든다)였다. 그리고 온도가 더 내려가자, 그것들이 유황 화합물, 질소 혹은 물을 포함한 규소와 결합했다.

그렇지만 태양에 매우 가깝고, 온도가 아주 낮게 내려가지 않는 경우에는 이러한 물질이 생기지 않으며, 반대로 태양에서 멀어지는 경우에는 온도가 $-70^{\circ}C$ 이하까지 내려가기 때문에, 산소와 수소가 결합해 물의 얼음을 만들어 낸다. 특히 토성의 궤도 너머에서는 탄소가 수소와 결합해 메탄이나 암모니아의 얼음을 형성했다. 이렇게 해서 현재 태양계의 바탕이 된 원시태양계 성운에는 온도에 따라 중심에서 바깥쪽으로 가면서 조성이 다른 고체 입자가 분포하게 되었다.

이러한 고체 입자는 서로 합체하거나 분열하면서 점점 커져, 직경 수 킬로미터~수십 킬로미터의 거대한 덩어리, 즉 '미행성'을 만들어 냈다. 미행성들은 태양계 바깥쪽으로 갈수록 크게 형성되었다. 1960년대 말, 당시 소련의 V. A. 사프로노프가 이 미행성 충돌설에 대해서 최초로 연구했기 때문에, 이 태양계 형성 이론은 '사프로노프 모델' 혹은 '미행성 충돌설'이라고 불렸다. 미행성은 자체 중력에 의해 주위의 물질을 끌어당기며 더욱더 성장해 간다. 지금 보이는 것과 같은 조성을 지닌 행성계의 탄생은 바로 우리 눈앞에 있다.

우주에는 수많은 태양계가 있다

태양계의 형성에 관한 이론은 여기서 끝나는 게 아니다. 어느 정도 다른 진행 과정이나 다른 물리 현상의 역할을 중시하는 견해가 몇 가지 있다. 그리고 지구나 화성 등 내행성이 왜 암석에서 생겨났는지, 목성이나 토성 등의 거대 행성은 왜 태양과 대부분 같은 조성의 가스에서 만들어졌는지, 행성을 도는 위성은 어떻게 형성되었는지 등도 전부 태양계 형성 이론에 포함되는 문제이다. 그러나 여기에서 태양계 탄생과 관련된 초기 과정에만 눈을 돌린 것은 이유가 있다. 그것은 우리 태양계가 이 우주에서는 매우 드문 존재인지, 혹

사진 12 이젤자리 베타별의 원시행성계 원반
태양계에서 50광년 떨어진 이젤자리 베타별에서 발견된 원시행성계 원반의 모습. 이와 같은 원반을 가진 별의 주위에는 행성이 생겨났을 가능성이 있다.
사진: ESA, STScl, NASA

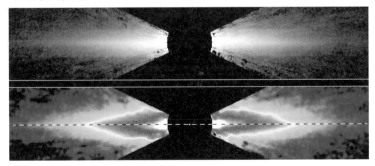

사진 13 **거대망원경**
최근 주경의 직계가 8~10미터나 되는 거대지상망원경이 차츰 등장하면서 먼곳의 우주를 관측하는 능력
은 눈에 띄게 향상되었다. 하와이의 마우나케아 산꼭대기에 세운 일본의 스바루 망원경도 세계를 대표하
는 망원경 중 하나이다.
사진: 일본국립천문대

은 우리 태양계와 닮은 '다른 태양계'가 무수하게 존재하는지라는
문제에 접해 보고 싶었기 때문이다.

　여러 가지 태양계 형성 이론 중에는, 앞서 이야기한 조석설이나
쌍성설처럼 외부 요인을 중시하는 것이 적지 않았다. 하지만 거기에
포함된 외부적 요인은 그 어느 것도 이 우주에서는 좀처럼 일어나지
않는 현상들이다. 태양 근처를 적절한 질량을 가진 다른 별이 적절
한 거리를 두고 통과한다거나, 쌍성 중 하나가 다른 별의 중력에 의
해 합쳐져 버린다거나, 적절한 거리에서 초신성 폭발이 일어난다거
나 하는 사건은 절대로 일어나지 않는다고는 할 수 없지만, 지극히
작은 확률로만 일어난다는 계산이 명백해졌다.

만약 태양계가 이와 같은 사건에 의해서 탄생한다면, 그것은 우주에서 의심의 여지없는 이례적이고도 예외적인 천체가 된다. 우리의 지구와 같은 행성은 은하계뿐만 아니라, 우주 전체에서도 희귀한 존재가 되어 버릴 것이다. 의지할 곳이 없는 작은 확률을 믿었을 때만 성립되는 이러한 시나리오는, 과학 이론이 아닌 공상에 가까울 것이다. 겉모양이 아무리 복잡해도, 자연은 기본적으로 단순한 모습을 추구한다. 때문에 지금 여러 가지 태양계 형성 이론이 존재한다고는 해도, 그것들은 많든 적든 단순하고 보편적인 성운설들에 바탕을 둔 것들일 것이다. 현재의 이론은 태양계가 우주 전체로 볼 때는 전혀 희귀한 존재가 아니라, 별이 생길 때 그 주위로 행성계가 동시에 만들어지는 것이 오히려 일반적이라고 받아들인다.

태양계가 어떻게 탄생했는지를 해명하는 것은 천문학이나 천체물리학에서 매우 중요한 주제 중 하나이다. 태양계 하나만 관찰해서는 태양계의 탄생과 관련된 수수께끼를 해명하기 어렵지만, 최근 급속하게 발달하고 있는 태양계 근방의 '이웃 태양계'에 대한 관측 기술이 더욱더 발전하면, 관측 결과와 이론의 일치 또는 불일치를 알아낼 수 있어 이론이 올바른지 아닌지 검증할 수 있을 것이다. 지난 20년 사이 세계 각지에 설치된 거대 망원경이나 우주 망원경 등의 새로운 관측 기술, 그리고 실제 천체 현상을 더욱더 잘 모방할 수 있게 된 컴퓨터 시뮬레이션 등의 도움으로, 머지않아 태양계의 탄생이라는 수수께끼가 밝혀질 날이 오리라 기대해 본다.

4장

시간은 어떻게 시작되었나?

시간은 정말로 과거에서 미래로 단순하게, 그리고 불가역적으로 흘러가는 것
일까? 현재의 물리학에 따르면, 시간은 과거에도 미래에도 똑같은 모습으로 흘
러가는 것처럼 보인다. 아니, 어쩌면 시간은 그러한 우리의 이해를 넘어서는 우주의
기묘한 성질을 갖고 있을지도 모른다. 시간의 문제를 '과학의 눈'으로 보면 어떤 모습이 나올까?
열역학 2법칙과 엔트로피의 법칙을 따라 시간의 비밀을 파헤쳐 보자.

시간은 과거에서 미래로 흐른다

상식적으로 생각하면, '시간'은 단순한 것이다. 사물에는 시작이 있고 끝이 있다. 그것들은 태어나고, 죽어 간다. 모든 인간은 자신의 죽음에 직면했을 때 그 점을 절실하게 깨닫게 된다. 살아 있는 모든 것에서, 나아가는 방향을 바꾸려고 해도 바꿀 수 없는 시간의 절대성이 느껴진다. 이것이 시간을 공간과 다르게 만드는 점이다.

공간에 위와 아래, 앞과 뒤, 오른쪽과 왼쪽 같은 방향이 있다는 것은 누구나 알고 있다. 반면에 시간에는 자연스러운 방향이 하나밖에 없는 것처럼 보인다. 그 때문에 우리는 과거와 미래를 전혀 다른 세계로 인식한다. 과거는 움직이기 힘든 사실의 세계지만, 미래는 애매한 확률로밖에 다가오지 않는 불확실하고 불안한 세계이다. 별점이나 손금 보는 사람들이 시간을 장사에 이용할 수 있는 것도 그 때문이다.

하지만 만약 시간이 한 방향으로만 불가역적으로 흐른다고 한다면, 다음과 같은 의문이 생길 것이다. 시간의 흐름을 따라서 차례차례 일어나는 사건들, 즉 '사건의 연쇄'에 인과관계가 있는가라는 의

그림 1 **절대 시간과 상대 시간**
우리가 일상적으로 알고 있는 시간은 과거에서 미래로 흘러, 시계로 측정할 수 있기 때문에 절대 시간(뉴턴 시간)이다. 다른 쪽, 일반 상대성 이론에 의하면 시간은 4차원 시공 안의 1차원이고, 중력이나 가속도에 의해 고무와 같이 펴지거나 줄어들거나 하는 상대 시간이 된다. 게다가 개개의 생물이 자기 자신의 감각에 의해 빠르다거나 늦는 것을 느끼는 주관적인 시간(베르그송 시간)도 존재한다.

문이다. 사건의 연쇄에 인과관계가 존재한다면, 미래에 무엇이 일어날지가 이미 결정되어 있는 것일까? 그리고 연쇄가 있다면, 우리의 인생이나 사회나 세계는 도대체 어디로 이어지는 것일까?

자신의 미래를 생각할 때, 혹은 자신이 속한 사회나 국가나 인류의 역사를 다시 보려할 때, 누구든 이러한 의문을 품지 않을 수 없다. 그리고 이러한 의문에 대해 뭔가 논리적인 답이나 결론을 내린다는 것은 사물을 역사적 관점에서 보는 경우에만 해당한다는 것을 깨닫게 된다. 미래를 예언하는 것은 사회과학의 범주를 훨씬 뛰어넘는 일이다. 많든 적든 잘못된 예측만을 하기 때문이다.

과거도 미래도 분명 움직일 수 없다

그렇다면 이러한 시간의 문제를 '과학적인 눈'으로 보면 어떻게 될까? 여기서 말하는 '과학적인 눈'이란 현대인 대부분이 받아들이고 있는 물리학적인 눈을 가리킨다. 과학적인 견해는 합리적인 것으로 여겨지곤 한다. 그것은 과학적인 견해에 결정론적인 성격이 있기 때문이다. 영원불변하고 보편적인 자연법칙에는 원인이 같다면 그것이 일으키는 영향 또한 언제 어디서든 같다는 생각이 깔려 있다. 거기에서는 시간도 미리 프로그램 되어 있다. 미래는 사물이 시작될 때의 상태(초기 조건)에 이미 정해져 있으며, 물리의 기본법칙에 의해서만 결정된다. 이것이 고전적인 뉴턴 식의 결정론이다.

이러한 뉴턴 역학의 세계관과 달리 양자역학적 세계관은 결정론이 아니라 통계적, 확률적이라고 생각하는 사람이 있을지도 모른다. 그러나 그것은 잘못된 생각이다. 양자역학도 결정론적 견해를 배제하지 않는다. 다만 양자역학은 통계적인 결정론이 절대적인 결정론을 대신한 것뿐이다. 즉 미시적 수준에서는 통계적인 작은 동요가 일어나고 있지만, 거시적 수준에서는 사물이 여전히 결정 가능하다고 예언하는 것이다. 그러므로 미래의 불확실함이란 미래가 애초부터 가진 성질이 아니라, 단지 인간의 문제이며 인간 자신의 이해 부

사진 1 로저 펜로즈
영국의 수학자이자 이론물리학자. 펜로즈는 현대 물리학에 따르면 시간은 과거에도 미래에도 동등하게 흘러가는 것이라고 주장한다.
사진: 하인츠 호라이스 | 야자와 사이언스 오피스

족 또는 무지에 지나지 않는 것이 된다. 이렇듯 시간은 중립 변수, 즉 방정식의 단순한 승수가 되며, 과거와 미래 모두 '움직이기 힘든 확실한 것'이라는 점을 보여 준다.

영국의 이론물리학자 로저 펜로즈는 유명한 저서《황제의 새 마음》에서 "물리학에서의 성공한 방정식은 모두 시간에 대한 대칭성을 가지고 있다. 그것들은 시간이 흘러가는 한 방향에 대해서도, 그리고 또다른 한 방향에 대해서도 동등하게 사용할 수 있다. 즉 물리학적으로 미래와 과거는 완전히 동등한 입장에 있는 것처럼 보인다"라고 했다.

이와 같이 한편에는 대칭적, 즉 어느 쪽에서도 똑같이 흐르는 물리학적 세계의 시간이 있고, 다른 한편에는 우리가 느끼는 시간의 흐름이 있다. 양자의 사이에는 분명 큰 차이가 있다. 인간은 자신이 과거로 되돌아갈 수 없다는 사실을 가지고, 과거와 미래에 엄연한 차이가 있다는 것을 경험한다. 우리가 자각하여 경험하고 있는 것은 몇몇 물리 법칙에 의해서도 설명된다. 그중에서도 가장 중요한 것이 '열역학 제2법칙'이라고 불리는 것이다.

엔트로피와 열역학적인 '시간의 화살'

영국의 이론물리학자 스티븐 호킹은《시간의 역사》에서 열역학 제2법칙을 설명하기 위해 다음과 같은 이야기를 하고 있다. 물이 있는 컵을 탁자 끝에 두었다고 해보자. 컵을 밀면, 뉴턴의 법칙에 따라 바닥에 떨어져 산산조각이 나 물이 사방으로 튈 것이다. 이 일련의 사건을 촬영한 필름을 다음과 같은 전개로 살펴보자. 바닥에 흐른 물이 수많은 파편에서 다시 조립된 컵에 담긴다. 컵은 탁자 위로 날아올라 그 끝에 놓인다.

이런 모습을 본 사람은 누구든 필름을 거꾸로 돌려, 즉 시간의 다른 방향으로 움직인 것이라고 생각한다. 왜냐하면 일상생활에서 이와 같은 일이 일어나는 것은 절대 볼 수 없기 때문이다. 이와 같이 사물이 역방향의 연쇄 과정으로 일어날 리가 없다는 것은 열역학 제2법칙에 의해 설명된다. 이것은 '외부와의 사이에 출입이 없는 계의 엔트로피는 시간과 함께 증가한다'는 법칙이다(다만 가역적인 계의 엔트로피는 일정하다).

깨져 산산조각 난 컵의 엔트로피

엔트로피란 간단히 말하면 계의 '무질서'이다. 예를 들어 탁자 위에 있던 물이 든 컵과 떨어져 깨진 컵 중 앞의 컵이 엔트로피가 낮다. 바꾸어 말하면 질서가 보다 높다고 할 수 있다. 따라서 바닥에 흩어진 컵의 파편들을 보고, '엉망진창이네'라고 한숨짓는 주부는 엔트로피의 문제를 직감적으로 이해하고 있는 것인지도 모른다!

엔트로피는 증가한다. 즉 극소에서 극대로 향한다. 예를 들어 보자. 우리가 추운 겨울에 방에 난로를 틀어 바깥보다 높은 온도를 만들려고 할 때도, 그리고 반대로 냉장고를 가동시켜 내부를 주위보다 낮은 온도로 유지하려 할 때도 엔트로피는 증가한다. 왜냐하면 둘 다 최종적으로는 폐열이라는 질서가 낮은 에너지가 만들어지기 때문이다. 이처럼 무질서도는 시간과 함께 높아진다. 즉 엔트로피가 증가해 가는 것이 과거와 미래를 명확하게 나누고 '시간의 화살'을 형성하는 것이다.

호킹은 시간의 화살을 세 개로 나눈다. 하나는 '심리적인 시간의

그림 2 깨진 컵의 엔트로피
탁자에 놓인 물이 담긴 컵은, 엔트로피(복잡함)가 낮은 상태에 있다. 그러나 컵이 떨어지기 시작하면 엔트로피는 급격히 높아지고, 마루에 떨어져 갈라진 유리 파편이 산산조각 나 튀면 엔트로피는 최대가 된다.

화살', 즉 우리 인간이 느끼는 시간 흐름의 방향을 가리키는 화살이다. 둘째는 '열역학적인 시간의 화살'인데, 이것은 앞에서 이야기했던 것처럼 엔트로피가 증가하는 방향을 가리킨다. 그리고 마지막으로 '우주론적인 시간의 화살'은 우주가 팽창하는 방향을 향하고 있다. 호킹에 따르면 이들 세 개의 화살은 모두 같은 방향을 향하고 있다. 그렇다면 열역학적인 화살과 우주론적인 화살의 방향은 왜 일치하는 것일까? 또 왜 엔트로피는 우주가 팽창하는 시간의 방향으로 증가하는 걸까? 이에 대해 호킹은 이렇게 설명한다.

"우주가 수축하는 단계에서는 어떠한 생명체도 존재할 수 없을 것이다. 왜냐하면 그와 같은 우주는 거의 완전한 무질서 상태로 변하고, 다른 쪽 생물은 질서를 띤 형태의 에너지를 필요로 하기 때문이다. 우리도 여기에서 이렇게 우주의 본질에 관한 어리석은 질문을 하지 않을 수 있을까?"

| 최소 엔트로피 | 중간 엔트로피 | 최대 엔트로피 |

그림 3 엔트로피의 증대

상자 안을 반으로 나누어 칸막이를 하고, 측면에 기체 분자를 넣는다. 칸막이를 빼면 분자는 상자 전체로 확산되고, 마지막에는 밀도가 희박하고 균일해진다. 이 상자를 우주라고 하면, 엔트로피가 최대가 된 오른쪽의 상태는 우주의 끝을 나타내고, 이 이상의 변화는 일어나지 않는다. 이 상태를 '열의 죽음'이라고 하는데, '고립된 계의 엔트로피는 증대한다'는 열역학 제2법칙에서 이끌어 낸 결론이다. 최근의 우주론에서 주장되는 바와 같이 우주의 팽창이 가속되고 있다고 한다면, 모든 은하, 별, 생명체가 분해되어 산산조각 나고, 우주는 소립자만이 얇게 퍼지는 무서운 '빅 리프'가 될지도 모른다.

그림 4 세 개의 시간의 화살

호킹에 의하면 우주에는 세 개의 시간의 화살이 있다고 한다. 제1은 인간이 느끼는 시간 흐름의 방향, 제2는 우주의 엔트로피가 증대하는 방향, 그리고 제3은 우주가 팽창하는 방향이며, 모두 같은 방향을 향한다고 한다.

질서와 무질서에 차이가 있을까

그렇다면 물리계의 엔트로피란 정확하게 어떤 것일까? 펜로즈는, 엔트로피란 단지 '겉보기의 무질서'라고 지적한다. 예를 들어 컵이 깨져도 그 계의 무수한 입자의 운동은 전과 같이 정확하게 질서가 있다. 다만 물이 담긴 컵이 처음에 가지고 있던 겉보기의 질서가 파괴되고, 그것을 재생하는 것이 불가능하다는 것이다. 일반적인 표현으로 말하면, 겉보기의 (거시적) 구조가 무의미하며 서로 동격인 개개의 입자 운동으로까지 해체된 것이다.

하지만 펜로즈도 말했듯이, '겉보기' 혹은 '무질서'라고 말하는 것은 관찰자의 판단에 좌우되는 것이고, 정확하지 못한 말이기도 하다. 또 엔트로피가 '불가역적'인 계의 경우에만 증가한다는 생각도 꽤 엄밀하다고는 할 수 없다. 여기서 말하는 불가역적이란 어떠한 것일까? 만약 우리가 모든 입자의 운동 하나하나를 고려할 수 있다면, 모든 계는 가역적, 즉 기초 원인으로 돌아갈 수 있다.

문제는 현실적인 부분에 있는 것 같다. 우리가 "컵이 탁자에서 떨어져 깨지는 현상은 불가역적이다"라고 말하는 경우처럼 말이다. "'불가역적'이라는 말은 기본적으로는 다음과 같은 것을 뜻한다. 그 계의 개별 입자들의 운동과 관련이 있는 것들을 하나하나 완벽하게 추적하는 것은 불가능하며 그것들을 조절할 수도 없다는 것이다. 이러한 제어 불가능한 운동이 '열'이라고 불린다. 즉 불가역성이란 단지 '실제적인 문제'에 지나지 않는 것처럼 보이는 것이다."

이러한 엄밀함의 결여에도 불구하고, 엔트로피라는 사고방식은 과학의 엄밀한 설명 안에서도 놀라울 정도로 유효하게 작용한다. 펜로즈는 "이러한 유용성은 다음과 같은 이유 때문이다. 어떤 계가 질서에서 무질서로 변화하는 것을 입자의 위치나 속도의 상세한 기술에 따라 설명하려면 터무니없이 방대한 것이 되고, 거시적 규모에서 무엇이 '겉보기의 질서'인지 그렇지 않은지를 정하는 면에서도 명쾌한 차이를 (대부분의 경우) 완전하게 매몰시켜 버린다"라고 설명한다.

우주의 엔트로피가 극대화될 때

그렇지만 가장 큰 문제는 우리가 현실의 세계를 볼 때 생긴다. 만일 엔트로피가 시간의 화살에 대응한다면, 이 우주는 엔트로피의 매우 낮은 상태, 즉 대단히 질서가 높은 상태에서 시작하게 된다. 그러면, 과거에 존재했던 그 '극도로 낮은 엔트로피 상태'는 어디에서 왔을까?

이 질문에 대답하기 위해, 펜로즈는 우선 인간의 이야기부터 시작한다. 인간은 '너무나도 낮은 엔트로피의 형태'이기 때문이다. 인간은 낮은 엔트로피의 형태로 에너지(음식물이나 산소)를 받아들이고, 높은 엔트로피의 형태(열이나 이산화탄소 등)로 그것을 배출한다. 하지만 인간은 그 과정을 통해 에너지를 얻지는 않는다. 왜냐하면 에너지는 보존되는 것이기 때문이다. 오히려 인간은 이를 통해 자신 내부의 엔트로피를 항상 낮게 유지하려 한다.

이 낮은 엔트로피는 어디에서 오는 걸까? 우리는 식물에 특히 감사해야 한다. 식물이 광합성 작용을 통해 엔트로피를 큰 폭으로 감소시켰기 때문이다. 반면에 산소와 탄소를 재결합하는 방식으로 인간은 식물이 만들어 낸 낮은 엔트로피(분리)를 활용한다. 식물은 대기 중의 이산화탄소를 들이마셔 탄소와 산소로 분리하고, 그 탄소를 이용해 자신의 형태를 만든다. 반면에 인간은 산소와 탄소를 재합성

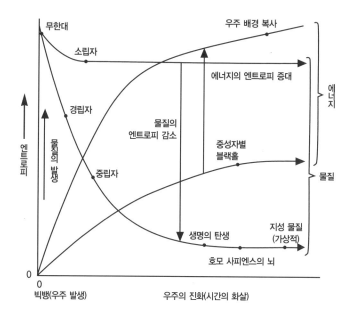

그림 5 **우주 진화와 엔트로피**
에너지의 엔트로피는 끊임없이 증대해 나간다(열역학 제2법칙). 이 법칙에 의해 우주 진화를 보면, 빅뱅의
순간 0이었던 에너지의 엔트로피는 현재에서는 중성자별이나 블랙홀을 최소로, 우주 배경 복사를 최대로
하는 범위까지 증대한다. 한편, 불가지의 특이점(무한대)에서 시작된 물질의 엔트로피는, 지금에는 저변에
호모 사피엔스의 뇌라는 매우 복잡한 구조를 만들어 낼 때까지 감소한다. 즉 우주는, 에너지를 '먹을' 물
질을 복잡화하면서 엔트로피를 감소시키게 된다.

자료: 로버트 프레이타스

해서 식물이 만들어 낸 낮은 엔트로피(분리)를 이용한다.

그렇다면 식물은 어떻게 '엔트로피 감소 기계'로서 기능하는 것
일까? 식물은 태양빛의 도움을 빌린다. 태양광은 이 지구에 엔트로
피가 제법 낮은 형태, 즉 눈에 보이는 광자로 다가온다. 다른 것에서
받아들일 수 있었던 이 에너지는 잠시 동안 우주로 되돌아가지만,
그때는 엔트로피가 높은 형태, 즉 적외광자(적외선 방사)가 되어 나
온다. 펜로즈는 이렇게 결론을 내린다.

"이 지구가 움직이는 것은 우주에서 에너지를 낮은 엔트로피 형태로

받아들인 다음 그 전부를 높은 엔트로피 형태로 돌려보내는 것이다."

이렇게 해서 지구는 '하늘의 뜨거운 점'인 태양으로부터 낮은 엔트로피를 연속적으로 받는다. 이제 다음 질문은 이렇다. 그렇다면 태양은 어떻게 이런 강력한 엔트로피원이 될 수 있었을까? 태양은 균질하게 분포하는 가스가 중력에 의해 모인 후 수축함에 따라 탄생했다. 이런 중력 수축 과정에서, 수축력에 대항하기 위해 열핵융합 반응이 시작되고, 중심부의 온도가 상승했다. 펜로즈는 말한다.

"우리는 다음과 같은 결론을 끌어낼 수 있지 않을까? 우리가 지금 자신들의 주변에서 발견하는 놀랄 정도로 낮은 엔트로피는 전부, 기원을 거슬러 올라가면 …… 가스의 팽창이 별들을 만든 중력 수축 과정에서 막대한 엔트로피를 획득할 수 있었던 것이 그 기원이 된다. 그러나 그와 같은 가스는 어디에서 생겨났을까? 가스가 퍼진 상태에서 시작되는 것이지만, 현재의 우리에게 낮은 엔트로피가 막대한 저금을 가져왔다."

이것은 우리를 빅뱅의 순간으로 거슬러 올라가게 한다. 왜냐하면 빅뱅의 표준 이론에 따르면, 우주의 기원이 된 '대폭발'의 결과로 가스가 주위에 뿌려졌기 때문이다. 우주는 '시공의 특이점'이라고 불리는 것에서 탄생하여 시공과 물질을 만들어 냈다. 그때의 물질은 대단히 균일하며 질서가 높았다. 즉 엔트로피가 낮았던 것이다. 그것들이 중력의 작용으로 집결해 별들을 만들고, 은하나 블랙홀을 형성했다. 펜로즈는 블랙홀의 분석을 토대로 다음과 같이 결론을 내린다.

"이와 같은 응집(특히 블랙홀의 경우)은 엔트로피의 엄청난 증가를 뜻한다."

이렇게 말하면, 다소 혼란스러울지도 모르겠다. 가스가 모여 항성이나 은하가 만들어지는 과정은 질서가 더 높은 것을 만들어 내는 것처럼 생각되기 때문이다. 하지만 중력장이 보편적으로 계속 영향을 미치는 인력에 의해, 시간과 함께 물질의 응집은 자꾸자꾸 일어나 밀도가 더 높아지고, 최종적으로는 겉보기 질서가 붕괴해 버린다. 그곳에서 탄생하는 것이 블랙홀인 셈이다. 그렇지만 가장 혼란스러운 것은 다음과 같은 점이다. 빅뱅이 최소한의 엔트로피에서 시작되기 위해서는, 극도로 엄밀한 조건이 필요하다. 펜로즈는 우리가 지금 살아가는 이 우주와 닮은 우주를 만드는 데 필요한 엄밀함을,

$$10^{10^{123}} (=10의 10승의 123승)분의 1$$

로 계산하고 있다. 이것은 1 다음에 0이 10^{123}개나 붙는 어마어마하게 큰 수이다. 뒤에 붙은 0의 개수만 해도 우주에 존재하는 모든 입자의 수를 훨씬 넘어선다!

우주와 인간의 슬픈 운명

펜로즈는 또 열역학 제2법칙을 좀 더 깊이 이해하려면 "막다른 골목을 만날 수밖에 없는 것처럼 보인다"고도 말한다. 왜냐하면 시공의 특이점(빅뱅과 같은)에서는 "우리의 물리학적 이해가 한계에 도달해 버리기" 때문이다. 이 대목에서 독자는 이러한 의문을 품을지도 모른다. "그 터무니없이 거대한 숫자는 빅뱅이라는 생각 자체에 어딘가 이상한 점이 있다는 증거가 아닐까?"라고 말이다.

이러한 의문과는 상관없이 아무튼 시간의 화살은 미래를 가리키고 있고, 미래는 엔트로피의 증대라는 운명에서 벗어날 수 없는 것

그림 6 **블랙홀**
이론물리학자 로저 펜로즈는 블랙홀은 엔트로피가 막대하게 증가한 상태라고 주장한다. 블랙홀도 별 하나의 모습이지만, 거대한 중력에 의해 물질과 에너지가 만들어 내는 낮은 엔트로피, 즉 구조적인 질서를 완전히 붕괴하게 한 상태이기 때문이다.
그림: 테렌스 디킨슨 | 야자와 사이언스 오피스

처럼 보인다. 결국 우주는 언젠가는 중력 수축의 상태로 바뀌고 결국에는 중력 붕괴(빅 크런치)의 순간까지 계속해서 수축하다 소멸하고 말 운명일까?

그것은 인간에게는 꽤 우울한 미래이다. 다행히 최근에는 우주가 어떻게든 수축하여 바뀌는 것이 아니라 오히려 영원히 팽창을 거듭할 것 같다는 견해가 유력해졌다. 그러니 우선은 그 예측에 따라 미래를 전망하는 것이 좋을지도 모르겠다. 팽창을 계속하는 우주가 수축해 사라질 운명을 지닌 우주보다는 어느 정도 정직한 시간적 유예를 줄 수 있기 때문이다. 우리는 이 우주에서는 여러 가지 구조나 형태, 즉 은하나 항성 혹은 생명이 질서가 더 높은 방향으로 만들어져 왔으며, 지금도 계속 만들어져 가고 있음을 알고 있다. 말할 필요도

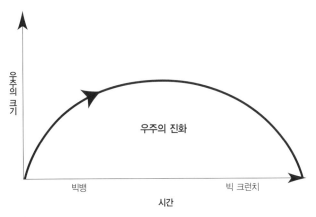

그림 7 **대붕괴**
인간에게 시간의 화살은 미래를 향한 것처럼 생각된다. 그것은 빅뱅에 의해 태어난 우주가 대붕괴에 의한 소멸로 향하는 방향이다. 혹은 그 화살은 우주 팽창의 영원한 미래를 가리키고 있는지도 모른다.

없이 인간도 그 일부이고, 인간은 우리가 아는 우주에서 가장 복잡한 존재로 여겨지고 있다.

더 높은 질서를 향한 이러한 우주 진화 과정이 왜 엔트로피의 증가와 함께 진행되며, 왜 모든 높은 질서 상태가 최종적으로 극도로 무질서한 상태에 다다르게 되는 것인지, 그 이유를 이해하거나 설명하는 것은 우리 인간에게는 너무도 난해한 일이다. 만약 그것이 우주의 운명이라면, 그것은 모든 생물의 일생과도 닮은 측면이 있다. 인간은 살아가고, 시간과 함께 지식이나 기술이나 경험을 더하면서 성장해 간다. 하지만 다른 한편으로는 거역하기 어렵게도, 나이를 먹으며 늙어 간다. 지식의 획득은 살아 있는 동안에는 보답을 가져오지만, 한 인간이 그 정점에 도달했을 때는, 이미 죽을 날이 얼마 남지 않은 때일지도, 시간의 화살은 결국 이와 같은 인간의 숙명과 같은 방향을 가리키고 있을지도 모른다.

5장

생명은 어떻게 시작되었나?

지구의 생명은 어디에서 왔을까? 새로 탄생한 지구의 바다와 늪에서 생겨났을까? 우주에서 온 '생명 포자'의 산물일까? 인류를 포함해 지구에 사는 모든 생물의 궁극의 선조, 그리고 진정한 생명의 시작을 밝히려는 과학자들의 노력은 계속되어 왔다. 화성, 그리고 목성의 위성인 에우로파에 대한 탐사도 모두 생명의 비밀을 밝히려는 시도이다. 정말로 생명은 진흙 더미에서 생겨났을까?

'생명체'란 무엇인가?

NASA의 화성 무인 탐사기 바이킹 1호와 바이킹 2호의 착륙선들이 불그스름하게 퇴색한 화성의 대지에 내려선 것은 지금으로부터 30년도 더 된 1975년이었다(사진 1). 이들 탐사선의 임무 중 하나는 화성의 생명체를 찾는 일이었다. 그것은 지구 대기의 100분의 1 정도 되는 대단히 엷은 대기를 지니고 지구의 바깥쪽을 도는 화성이 태양계의 행성 중에서 지구와 가장 유사한 환경을 가지고 있다고 생각되었기 때문이다.

그러나 화성에 생명체가 존재한다면, 그것은 어떤 생명체일까? 지구의 생명을 닮았을까? 그렇다면, 도대체 생명은 무엇일까? 지구상의 우리는 여러 가지 생명(생물)과 함께 살아가지만, 생명을 과학적으로 정의하는 것은 쉽지 않다. 여러 분야의 과학자들마다 서로다른 여러 가지 대답이 돌아온다.

예를 들면 양자역학의 건설자 중 한 명인 에르빈 슈뢰딩거(1887~1961년)는, "생명은 음(−)의 엔트로피를 먹어 자신의 내부 질서를 만들어 내는 존재다"라고 말했다. 또 복잡계 연구로 알려진 스튜어

사진 1 바이킹 호가 촬영한 화성의 붉은 대지
1976년, 바이킹 호(1호, 2호)의 착륙선이 각각 화성의 크류세 평원과 유토피아 평원에 내려섰다. 이것은 1호가 촬영한 화성의 지표이다.
사진: NASA

트 카우프만은 "생명은 복잡계가 가진 자연스러운 특성 중 하나"라고 말한다. 그중에는 "생명이란 물질이 아닌 존재"라거나 "짓밟으면 죽어 버리는 것" 등 극히 직설적인 정의를 입에 담는 과학자까지도 있다.

그러나 이런 물음에 대해 대세를 차지하는 견해는 어쩌면, "생명이란 자기 복제하는 존재이다" 혹은 "생명은 대사하는(에너지를 받아들이고 불필요한 것을 배출하는) 존재이다"라는 것이다. 여기에서 말하는 '자기 복제'란 문자 그대로, 혼자서 자신을 복사하고, 자신과 같은 것을 만들어 낸다는 의미이다.

지구의 생명은 어느 것이나, 자기 자신의 구조나 성질을 자손에게 물려주기 위한 정보(유전자)인 DNA를 가지고(바이러스를 생명이라고 보면 RNA도 유전자이다), 그 유전자에 기초해 자기 자신의 복사본(자손)을 남긴다. 그리고 음식이나 대기, 물 등을 체내에 받아들여 몸의 성분을 만들거나 움직이는 데 필요한 에너지로 사용하고, 필요 없어진 것을 체외로 배출한다.

바이킹 호는 화성의 생명체에게도 그런 성질이 있을 것이라는 전제를 가지고 지표를 탐사했지만 이 탐사에서 생명의 흔적은 발견할 수 없었다. 그러나 화성과는 달리 우리가 살고 있는 지구는 생명의 온상이 되어 있다. 도대체 생명은 언제 어떻게 탄생했을까?

생명체는 물질이 진화해 태어났다

생명체의 정의가 사람에 따라 여러 가지이기는 하지만 확실한 것은 있다. 그것은 생명체가 목숨이 없는 물질에서 태어났다는 것이다. 유럽에서는 중세까지, "생명체는 신의 손에 의해(아무것도 없는 곳에서) 창조되었다" 혹은 고대 그리스의 철학자 아리스토텔레스가 주장했던 것처럼 "생명체는 물질에 '생기'를 불어넣어 탄생한다"라는 견해가 주류였다. 지금도 기독교를 믿는 세계의 많은 사람들이 생명은 신에 의해 창조되었다고 믿고 있다.

그러나 적어도 현재의 과학자는 그와 같이 생각하지 않는다. 많은 과학자들은 일찍이 존재한 분자가 점차 복잡해져(화학 진화라고 부른다), 마침내 최초의 생명체가 생겨났다고 생각하고 있기는 하지만 최초의 생명체가 구체적으로 어떻게 출현했는지에 관해서는 아직도 여러 의견이 분분할 뿐 최종적인 답은 나오지 않았다.

지구의 생명체는 지구 탄생 10억 년 뒤 나타났다

지구에 생명체가 출현한 것은, 지금부터 46억 년 전에 지구가 탄

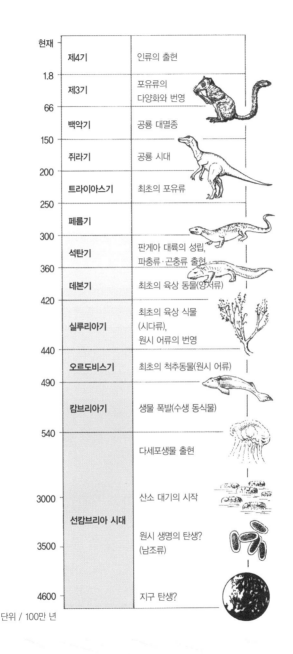

현재	제4기	인류의 출현
1.8	제3기	포유류의 다양화와 번영
66	백악기	공룡 대멸종
150	쥐라기	공룡 시대
200	트라이아스기	최초의 포유류
250	페름기	
300	석탄기	판게아 대륙의 성립, 파충류·곤충류 출현
360	데본기	최초의 육상 동물(양서류)
420	실루리아기	최초의 육상 식물 (시다류), 원시 어류의 번영
440	오르도비스기	최초의 척추동물(원시 어류)
490	캄브리아기	생물 폭발(수생 동식물)
540		다세포생물 출현
3000	선캄브리아 시대	산소 대기의 시작
3500		원시 생명의 탄생? (남조류)
4600		지구 탄생?

단위 / 100만 년

그림 1 지구 생명의 역사

생하고 나서 수억~10억 년 정도 경과한 무렵이라고 생각된다. 46억 년쯤 전, 탄생한 지 얼마 지나지 않은 지구는 마치 거대한 불구슬처럼 고온 상태였다. 운석이 지상으로 끊임없이 쏟아지고, 그 충격과 폭발로 지구의 표면은 진흙투성이로 녹아내렸다. 지금과 같은 지각도 생겨나지 않았다. 대부분이 이산화탄소로 이루어진 짙은 대기가 지구 전체를 덮고 있었다.

이와 같은 지구에는 어떤 생명체도 존재할 수 없었다. 그러나 운석의 충돌이 점차 잦아들어 지표가 조금씩 차가워지자, 대기의 온도도 내려가고 두꺼운 구름이 하늘을 덮은 뒤 비가 되어 지표에 쏟아졌다. 이 비의 시대가 끝났을 때 지구 표면에는 광대한 바다가 탄생했다.

온도가 내려가고, 지구가 어느 정도 평온한 상태의 행성으로 바뀌고 나서 얼마 안 있어, 최초의 생명체가 태어난 것으로 생각된다. 그

사진 2 지구에서 가장 오래된 생명
38억 5000만 년 전의 이 암석에는 지구에서 가장 오래된 생명체의 흔적이 남아 있다(현미경 사진).
사진: 스크립스 해양학 연구소 | 야자와 사이언스 오피스

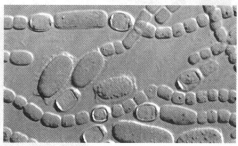

사진 3 **스트로마톨라이트**
스트로마톨라이트라고 불리는 암석은, 38억 년 전의 선캄브리아 시대에 지구상에서 번영했으며, 지구의
산소 대기를 만들어 낸 시아노박테리아(남조류)의 화석으로 추정된다.
사진: OKA-SAN
사진 4 **남조류**
지구상에 최초로 나타난 생물 중 하나인 남조류(시아노박테리아)는 원시적인 원핵생물이다. 광합성을 통
해 산소를 만들어 내는 이 조류들이 출현하여 지구 대기에 산소가 축적되었다.

린란드에 있는 38억 년 정도 전에 생성된 퇴적암에서 발견된 물질이 생명체였을 가능성이 높아 보이기 때문이다. 즉 이미 38억 년 전에 지구에 생명이 존재했다는 것이다.

한편 스트로마톨라이트라는 약 35억 년 전의 암석도 당시의 원시적인 세균(시아노박테리아 또는 남조류)이 만든 것으로 여겨진다. 게다가 이 암석에서는 작은 화석도 발견되었다. 그렇다면 운석의 충돌 시대가 끝난 42억 년쯤 전부터 최초의 생명이 출현할 때까지 어떤 일이 벌어진 것일까?

'원시 수프'가 생명을 길렀다?

1920년대, 세계적으로 저명한 영국의 생물학자 존 홀데인과 러시아 출신 과학자 알렉산드르 오파린은 우주 공간과 지구의 대기 중에

사진 5 J. B. S. 홀데인
영국의 저명한 생리학자이자 유전학자. 집단 유전학 이론을 확립하고, 20세기의 유전학과 진화 이론의 거의 모든 분야에서 업적을 남겼다.

서 탄소, 질소, 수소, 산소(이들은 모두 지구 생명체를 만드는 주요 성분이다) 등이 포함된 여러 분자들이 쏟아져 내려왔다고 생각했다. 지표에 축적된 이러한 분자들은 방사선, 화산 활동, 번개 방전 등의 에너지에 노출되어 서로 반응하며 여러 종류의 분자를 만들어 내게 되었다고 한다.

홀데인에 따르면, 이러한 유기 분자는 바다로도 대량으로 용해되었고, 그 결과 "원시의 바다는 뜨겁고 얕은 수프 정도의 밀도가 되었다"고 한다. 특히 얕은 내해나 초호(산호초 때문에 섬 둘레에 바닷물이 얕게 괸 곳)에서는, 태양열을 받아 증발하는 과정에서 수프가 점차 농축되었다. 그리고 이 유기물 수프(원시 수프)가 뒤섞이며 온갖 화학 반응이 일어나는 과정에서 마침내 극히 단순한 최초의 생물이 탄생했다고 한다.

1952년, 오파린과 홀데인의 이 '원시 수프설'을 증명하는 실험이 행해졌다. 캘리포니아 대학교의 해럴드 유리와 그 연구실의 대학원

사진 6 **알렉산드르 오파린**
러시아의 생화학자. 지상의 생명의 기원을 화학적 관점에서 논했다. 최초의 생명은 원시 수프에서 태어나, 무산소 상태에서 생육되었다고 생각했다.

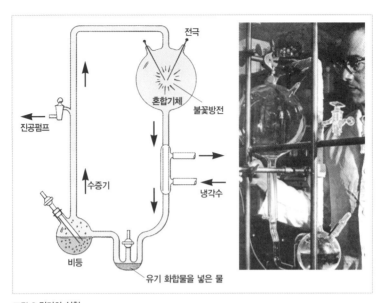

그림 2 **밀러의 실험**
밀러는 두 개의 플라스크를 유리관에 연결하고, 위쪽 플라스크에는 메탄, 암모니아, 수소의 혼합 기체를 넣고, 아래쪽 플라스크에는 물을 넣어 가열했다. 여기에서 혼합 기체는 원시 지구의 대기를, 물은 바다를, 가열해 발생하는 수증기는 화산 활동을 모방했다.

생 스탠리 밀러가 원시 지구의 대기를 모방한 플라스크 속의 기체에 전기 충격을 가하자, 여러 가지 유기물이 만들어졌다. 플라스크 안에 생긴 유기 분자에서는 생명의 소재가 되는 아미노산도 발견되었다.

밀러는 플라스크 두 개를 유리관에 연결하고, 위쪽 플라스크에는 메탄, 암모니아, 수소의 혼합 기체를 넣고, 아래쪽 플라스크에는 물을 넣어 가열했다. 여기에서 혼합 기체는 원시 지구의 대기를, 물은 바다를, 가열해 발생하는 수증기는 화산 활동을 모방했다.

그들이 이 실험으로 플라스크 안에 가둔 것은, 암모니아나 수소 등의 환원성 기체˚였다. 그러나 그 후의 학자들은 원시 지구의 대기

사진 7 **심해에 사는 생물**
심해의 열수 분출공과 거기에 사는 관벌레
사진: 우드 홀 해양학 연구소

는 환원성 기체가 아니라, 이산화탄소 등을 중심으로 하는 산화성 기체라고 생각하기 시작했다. 산화성 대기에는 전기나 자외선 등의 에너지를 가해도 유기물이 잘 생기지 않는다. 그러나 강한 에너지를 가진 우주선宇宙線이라면, 산화형의 대기에서도 유기물이 만들어진다. 또 심해저의 열수 분출공에는 환원적인 환경이 존재하고, 거기에 용해되어 있는 금속이 촉매의 역할을 하기 때문에, 지금도 생명체의 재료가 만들어진다.

결국 오파린이나 홀데인이 주장한 가설에 작은 차이가 생겨난 것이다. 그렇지만, 그보다 더 중요한 문제는, 그들은 이렇게 해서 만들어진 유기물이 모여 반응하는 동안, 그것들이 어느새 자기 자신을 복제하게 되고, 생명으로서의 특성을 갖추게 되었다고 생각한 것이다. 그러나 예를 들어 생명의 재료가 대량으로 존재했어도, 그것들이 단지 모여서 서로 화학반응을 일으키는 중에도, 생명이 정말로 생겨날 것인가?

복잡한 분자가 모여도 생명체는 탄생하지 않는다?

지금, 우리가 보는 것처럼 생물이 생명 활동을 유지하기 위한 기본적인 시스템은 매우 복잡하다. 여러 가지 생명 활동을 하려면, 기본적으로 단백질이 필요하다. 즉 물질에서 필요한 에너지를 흡수하고, 몸의 일부를 만들고, 몸이 필요한 장소로 배치하는 등 생명 활동의

■ 환원성 기체 | 암모니아나 메탄, 수소처럼, 산소가 결합할 수 있는 기체를 말한다. 이에 비해, 이산화탄소나 이산화질소와 같이 이미 산소가 결합한 것을 산화형 기체라고 한다.

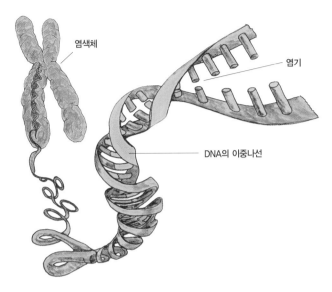

그림 3 유전자 DNA
유전자는 그 본체에 있는 DNA가 복제되어 다음 세대로 이어진다. 생물이 이용하는 단백질의 설계도는
이 DNA에 분자의 기호(염기 4종류의 조합)로서 쓰여 있지만, 이 기묘한 조합은 언제 어떻게 해서 만들어
졌을까?
그림: 야자와 사이언스 오피스

모든 상황에서 단백질이 활약하고 있다. 따라서 여러 가지 단백질이
모인다면, 그것만으로도 생명 활동은 일단 시작되는 것처럼 여겨진
다. 하지만 단백질만으로 그와 같은 시스템이 탄생한다고 해도, 그것
은 어디까지나 1회적인 일일 뿐이며, 일단 어딘가가 부서져 버리면
그 '생명체'는 끝을 맞이한다. 생명체가 생명체로 존속하기 위해서
는 어떻게든 자기 자신을 복제한 후 그것을 후세에 전해야만 한다.

　그러기 위해 모든 생물에는 자기 몸의 정보를 보존하는 유전자가
존재한다. 생물의 유전자는 DNA라는 대단히 긴 분자 형태를 띠고
있다. 예를 들면 인간에게는 세포 하나에 총 2미터나 되는 길이의
DNA가 빙글빙글 감겨 있다. 생물이 이용하는 단백질 설계도는 이

DNA에 분자 기호로 기록되어 있다. 몸에 어떤 단백질이 필요하면, RNA가 DNA에서 필요한 단백질 정보를 복사한 후, 그것을 기초로 다른 RNA가 협력해 단백질을 생산한다. 즉 현재의 생물은, DNA와 단백질, 그리고 그 사이를 중개하는 RNA가 있어야만 비로소 살아갈 수 있다. 이 세 종류의 복잡한 분자들이 서로 협조하는 생명이라는 시스템이 단지 유기물이 모이는 것만으로 저절로 생겨났다고는 좀처럼 납득하기 어렵다.

생명은 우주에서 왔다?

그래서 영국의 천문학자 프레드 호일처럼, 물질이 뒤섞여 무질서 상태가 됨으로써 지구에 생명이 생기는 일이 불과 수억 년 사이에 일어날 리는 없다며 '지구 생명은 우주에서 왔다'고 주장하는 과학자들도 있었다. '판스퍼미아 설(범종설)'이라고 불리는 이러한 설명은 헤르만 리히터에 의해 19세기에 처음으로 제시된 후, 20세기 초에 화학자 스반테 아레니우스가 발전시킨 견해이다. 리히터에 따르면, 생명은 운석 안에 들어가 우주 공간을 여행하고, 행성에서 행성으로, 또는 행성계에서 행성계로 퍼져 나간다고 한다. 판스퍼미아란 생명의 종자를 널리 뿌린다는 의미를 담고 있는 말이다.

생명이 우주에서 날아왔다는 말을 듣고 무슨 공상 과학 같은 소리냐고 할 사람도 있을지 모르겠지만, 이것을 단지 황당무계한 소리로만 받아들이지 않는 과학자들도 많다. 어떤 종류의 운석 내부에는 지구 생명체들을 구성하는 여러 가지 유기물이 들어 있으며, 우주를 떠도는 성간 분자에도 유기 분자가 제법 들어 있다. '부정한 눈구

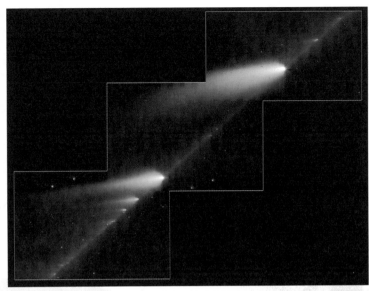

사진 8 **생명의 종자**

생명을 운반한 혜성(위) | 생명은 지구에서 탄생한 것이 아니라, 운석이나 혜성에 의해 우주에서 전해졌다는 '생명의 종자'가 그 기원이라고 하는 견해(판스퍼미아)는 지금도 뿌리 깊다. 이 사진의 슈와스만-와하만 제3혜성도 생명의 싹을 운반했다.

사진: NASA | JPL-Caltech

혜성 탐사선 지오트가 근접 촬영한 할레 혜성(아래)

사진: ESA

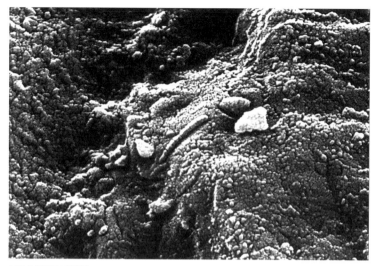

사진 9 화성의 미생물?
화성의 운석에서 발견된 미생물 화석을 닮은 구조체.
사진: NASA

슬'이라고도 불리는 얼음 혜성에도 유기물이 다량으로 존재하는 것
으로 보인다.

한편 공기가 거의 존재하지 않는 극저온의 환경에서도, 혹은 방사
선을 쬐고도 살 수 있는 생물이 있음이 실험을 통해서 증명되었다.
그리고 1996년에는 화성의 운석 안에서 미생물의 화석을 닮은 구조
체가 발견되기도 하였다. 이 구조체는 나중에 미생물이 아닌 것으로
밝혀졌지만, 운석이 생명의 발생에 중요한 구실을 했다는 견해는, 현
재도 과학자들의 지지를 받고 있다. 운석에 포함된 유기물뿐만 아니
라, 운석이 지구에 충돌했을 때 그 안의 물질과 지구 표면의 물질이
상호 작용을 일으켜 생명의 재료가 태어났을 가능성도 적지 않다.

DNA의 이중나선 구조를 발견한 노벨상 수상자 프랜시스 크릭도
지구가 탄생하기 이전에 존재한 어딘가의 우주 문명이 생명의 종자

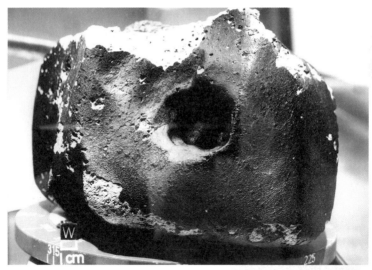

사진 10 운석
남극 대륙의 얼음 안에서 발견된 운석. 원시 지구에는 이와 같은 운석이 무수하게 쏟아져 내렸다.
사진: NASA

사진 11 프랜시스 크릭
DNA의 이중나선 구조를 발견한 공로로 1953년에 제임스 왓슨과 함께 노벨상을 수상한 영국의 분자
생물학자.
사진: 하인츠 호라이스 | 야자와 사이언스 오피

를 우주 공간을 향해 의도적으로 보냈다는 가설을 책에 쓴 바 있다. 무엇보다도 크릭은 이후에 이 가설을 전개한 것은 "사람들이 생명의 기원에 대해서 좀더 관심을 가지길" 바라는 염원에서였다고 이야기했다. 아무튼 이 생명 우주 기원설도, 지상 기원설과 같은 문제에 부딪치게 된다. 두 가설 모두 물질에서 최초의 생명이 탄생하기까지의 경로, 즉 '화학 진화' 의 과정을 설명할 수 없다는 것이다.

'RNA 세계설' 이 등장하다

그러던 중, 크릭과 그의 동료 과학자 레슬리 오겔, 그리고 일리노이 대학교의 칼 워즈 등이 'RNA 세계설' 이라는 가설을 내놓았다. 그들은, 지구 최초의 유전 물질은 지구의 온갖 생명체가 유전자로 사용한 DNA가 아니라 RNA일 것이라고 주장했다.

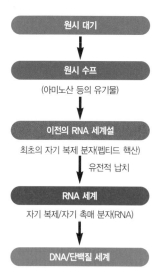

그림 4 **이전의 RNA 세계설**
프랜시스 크릭 등은 1990년대에 RNA 세계설을 발전시켜 지구에서 태어난 보다 단순한 자기 복제 분자를 RNA가 탈취했다고 하는 가설을 제창했다.

DNA가 최초의 유전 물질이라고 생각하면, 생명 발생 이야기는 곧 벽에 부딪혀 버린다. DNA는 그 자체가 효소 역할을 하는 단백질이 없으면 만들어질 수 없기 때문이다. 그러나 단백질을 만들기 위한 정보는 DNA에 잘게 나뉘어 있다. 그러면 어느 쪽이 먼저일까? 단백질일까? DNA일까? 크릭 등은 최초의 유전자를 DNA라고 생각하기 때문에 무리가 생기는 것으로 깨달았다. 그래서 주목한 것이 RNA이다.

현재의 생명 중에서, RNA는 적어도 세 가지 역할을 하고 있다. 첫째는 DNA의 정보를 베껴 쓰는 것, 둘째는 단백질 제조 장소가 되는 것, 그리고 셋째는 단백질 재료가 되는 아미노산을 운반하는 것이다. 이처럼 팔방미인 같은 분자인 RNA에게 또 다른 능력이 있을지도 모른다. 예를 들어 RNA가 단백질과 동일한 효소 기능을 한다면, 물질이 생명체로 나아가는 과정에서 단백질이 아니라 RNA가 효소 역할을 하여 DNA가 아니라 RNA가 유전자로서 출현하였을 가능성도 생긴다. 이렇게 RNA가 여러 가지 상호 작용을 하는 세계에서는, RNA가 생명의 기본적 특징의 하나인 '자기 복제'를 시작했을지도 모른다.

RNA가 만들어 내는 세계라는 의미에서 훗날 'RNA 세계설'이라고 불리게 되는 이 가설을 지지하는 증거는 처음에는 아무것도 없었다. 하지만 1980년대 들어 미국의 분자 생물학자 토머스 체크 등이 RNA 분자 중에 효소의 역할을 하는 것이 있다는 것을 발견했다. RNA(리보핵산)와 효소(엔자임)를 합쳐서 명명되었던 '리보자임'이 바로 그것이다. 리보자임이 발견됨으로써, RNA 세계설은 단숨에 생명 기원설의 주역과 같은 지위를 얻었고, 체크는 1989년에 노벨상을 수상했다.

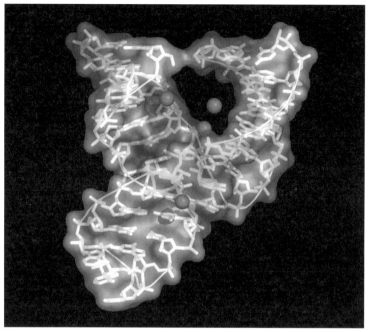

그림 5 **리보자임의 이미지**
RNA 속에는 생체 반응 촉매 역할을 하는 '리보자임(리보 효소)'도 있다. 리보자임의 발견은 생명의 탄생에 RNA가 중요한 역할을 한다고 하는 RNA 세계설에 한 가지 뒷받침을 더해 주었다.
사진: 칼주 칸

RNA 세계설의 문제점

하지만 생명의 기원이 이것으로 해명된 것은 아니다. RNA 세계설도 이내 벽에 부딪쳤다. 실험 도중에 원시 수프 안에서 RNA의 재료 분자가 우연히 생겨나기는 했지만, 단백질 효소가 없다면 아주 단순한 RNA 분자밖에는 생겨날 수 없다는 것이 밝혀진 것이다. 실제 생명체의 RNA는 네 종류의 염기(A: 아데닌, G: 구아닌, C: 시토신, U: 우라실)를 정보 매체로서 사용한다. 단백질의 재료인 아미노산의 정보는, DNA나 RNA에 이 염기 순서에 따라 달라지는 방식으로 새겨져 있다.

하지만 RNA의 재료 물질을 RNA의 효소에 결합시키는 실험은 여러 번 반복해도 한 종류의 염기, 그것도 아주 짧은 사슬밖에는 만들어지지 않았다. 그래서는 유전 정보가 만들어지지 않는다. 그리고 행여 자기 복제가 일어난다 해도, 정보를 가지지 않는 것을 생명체라고 부를 수는 없는 법이다. RNA를 구성하는 분자는 지금까지 예상해 온 것처럼 원시 수프 안에서는 만들어질 수 없으리라는 점도 명백해졌다. 다만 이러한 의문은 본질적으로는 중요하지 않다는 견해도 있다. 탄생 직후의 지구가 어떤 환경이었는지를 우리는 잘 모른다. 따라서 지금 우리가 모르는 요소가 만약 거기에 있었다면, RNA의 재료 분자가 간단히 만들어질 수 있었을지도 모르는 것이다.

RNA 세계설의 문제점을 극복하려면?

그래서 과학자들은 어떻게 하면 지구상에서 자기 복제가 자연스럽게 일어날 수 있는지에 대해 검토하기 시작했다. 예를 들면, 최초로 자기 복제를 시작한 것은, RNA와 매우 유사한 어떤 것이라기보다는 생성되기 쉽고 부서지기 어려운 분자였다는 견해나, 일종의 단백질이 유전자가 되었다고 하는 견해도 등장했다.

또 어떤 연구자들은 RNA 세계에는 어쩌면 RNA의 재료를 연결해 배합하는 촉매가 되는 물질이 존재했을 것이라고 주장하며 그와 같은 물질의 후보를 탐색했다. 한편, 독일의 노벨상 수상자 만프레트 아이겐은 RNA의 짧은 사슬이 좀더 길고 복잡한 정보를 가진 사슬로 진화하는 과정을 생각해 냈다. RNA 분자가 자기 자신을 복제하는 것이 아니라, 다른 RNA 분자의 복제를 도움으로써 안정적으로 수가

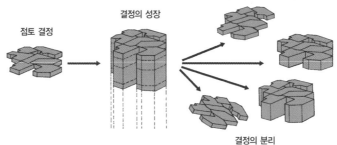

결정의 성장

점토 결정

결정의 분리

사진 12 **만프레트 아이겐**
고속의 화학 반응을 관찰한 연구로 1967년에 노벨상을 받았다.
사진: 막스-프랑크 연구소 | 야자와 사이언스 오피스

그림 6 **점토 주형설**
점토 광물의 결정이 가진 정보는 그 결정이 성장·분리해도 마치 유전자와 같이 유지된다. 점토 광물의 표면에 '써 넣은' 최초의 정보는 이렇게 해서 차례차례 전달되고, 마침내 생명 탄생을 향해 발전하는 것일까?
자료: A. G. 카이른-스미스

늘어난다는 것이다. 그리고 RNA 분자가 복제 과정에서 가끔 '돌연
변이'를 일으키는 것에 대해서는 그 분자가 가진 정보량이 늘어나는
것이라고 해석했다.

이에 반해 RNA 세계설과는 전혀 다른 방향에서 이 문제에 뛰어든
인물도 있다. '점토 주형설'을 주장한 영국의 화학자 그레이엄 케언
스-스미스이다. 다른 과학자들로부터 이단으로 폄하된 이 의견은,
최근 RNA 세계설과 결합해 각광을 받고 있다.

RNA 사슬이 점토의 유전자를 빼앗다

케언스-스미스는 이 문제를 생명은 매우 단순한 것에서 시작되었
을 것이라는 점에서 고찰하기 시작했다. 예를 들면 결정結晶은, 자기
자신으로 자연스럽게 성장한다는 의미에서, 바로 그 조건에 적합하
다. 그래서 그는 결정이야말로 '원초의 생명체'가 아닌가 생각했다.
특히 점토 광물의 결정은 여러 형태를 띨 수 있고, 그 정보를 가진
채 성장해 간다. 결정은 두 개로 분리되어도 각각 같은 정보를 가진
채 성장한다. 게다가 생명체와 같이 '돌연변이'도 일으킨다. 즉, 결
정에 돌연변이로서 결함(예를 들면 결정격자의 엇갈림)이 생기면, 결
정은 그 결함을 그대로 유지한 채 성장한다.

확실히 결정은 자신을 복사한다. 그렇지만, 그것만으로 이것을 생
명체라고 부를 수는 없을 것이다. 그래서 케언스-스미스는 점토는
주위에 아주 단순한 유기 분자가 있으면, 그것들이 점토의 결정과
상호 작용을 할 것이라고 여겨, 다음과 같은 생명 발생 시나리오를
만들어 냈다.

이러한 유기 분자는 점토 주위에 막을 만들어 점토를 보호하고, 또 점토의 부드러움을 조정하거나 전기적 성질을 변화시키는 등의 작용을 함으로써 점토 결정이 복제하는 것을 간접적으로 도와주었다. 점토는 촉매와 같은 성질을 가지고 있기 때문에, 점토에 들러붙은 유기 분자가 반응해 단백질이나 RNA로 성장하기도 했다. 이렇게 해서 RNA와 같은 복잡한 분자가 일단 생기면, 그것이 또 수분이나 물질의 농도를 조절해 점토 결정 복제를 돕게 되었다. 즉 RNA와 결정 사이에 '공생 관계'가 생겼다고 할 수 있다.

점토의 결정과 함께 성장하기 시작한 RNA는, 결국에는 점토 결정과 마찬가지로 자기 복제를 하게 되었고, '원초의 생명체'가 모습을 드러냈다. RNA를 유전자라고 하는 제2의 복제 시스템을 받아들이면, 녹기 쉬어 잘 깨지는 점토 결정은 이제 불필요하다. 이렇게 해서 점토 결정은 버려지고, RNA가 점토의 유전 시스템을 빼앗아 생명체로 발달하기 시작한다. 이것이 점토 주형설이다.

물질의 '오른손과 왼손'

RNA가 이처럼 유전자를 빼앗았다는 가설을 지지하는 간접적 증거 중 분자에 '방향성'이 있다는 이야기가 있다. 생명체가 사용하는 분자에는 '방향성'이 있다. 유기 분자 중에는 재료나 화학적인 성질이 아주 똑같아 보이지만, 자세히 관찰해 보면 우리의 오른손이나 왼손처럼 대칭을 이루는 두 종류의 구조를 가진 것들이 있다. 그것들은 오른손과 왼손, 혹은 거울에 비친 자신의 모습처럼, 회전을 하거나 뒤집어도 같아지지 않는다.

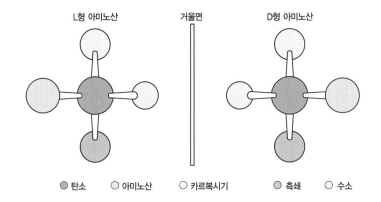

그림 7 아미노산
생명체가 단백질을 만들 때 사용하는 아미노산 분자에는, 오른손과 왼손처럼 방향성이 있다. 생물은 왼손의 아미노산만을 사용하지만, 점토 주형설은 이 성질을 무리 없이 설명할 수 있다.

이러한 분자의 '오른손과 왼손'은 대부분의 물질 안에는 반반씩 존재하지만, 생물에서는 그렇지 않다. 생물은 단백질을 만들 때에는 '왼손'의 아미노산만을 사용하고, 당을 만들 때는 '오른손'만 사용한다.

실험을 해보면, 점토를 기원으로 하는 생명체는 이러한 '방향성'을 꽤 쉽게 획득할 수 있는 것처럼 보인다. 예를 들면 당의 경우에는 생명이 지금 사용하는 오른손형이 왼손형보다 점토에 들러붙기가 쉽다. 그리고 오른손형의 당은 왼손형의 아미노산이 아니면 결합하기 어렵다. 즉 점토 주형설은 유기 분자가 가진 방향성의 문제도 쉽게 설명할 수 있는 것이다.

RNA는 점토 위에서 증식한다

생명 탄생에 점토 광물이 한몫을 했다는 것이 시사하는 증거 중 하나는 점토 광물이 RNA의 복제를 돕는다는 점이다. 예를 들면 점토 광물의 일종인 벤토나이트는 RNA를 유전 물질로 이용하는 바이러스의 감염을 확산시키는 것으로 알려져 있다. 이러한 사실은 점토에서 RNA가 자연스럽게 증식하는 것을 가리키는 것인지도 모른다.

또 최근의 실험을 통해 우리는 벤토나이트의 주요 성분인 몬모릴로나이트가 RNA의 부품들을 하나로 결합시킨다는 사실을 알아냈다. 드문드문 흩어져 있는 RNA의 부품들은 몬모릴로나이트에 의해 최종적으로는 단위분자 30~50개가 결합된 사슬로까지 늘어났다고 한다. 점토 광물 중에서는 가장 작다고 할 수 있는 바이러스 크기의 입자로 이루어지는 이 광물은 RNA의 부품들을 결합시키는 역할 이외에도 유기 분자들 사이의 여러 반응에 촉매 작용을 하는 것이 분명하게 밝혀졌다.

벤토나이트는 화산재가 변성해 생겨난 점토 광물이다. 이 물질은 화산 활동이 활발했던 초기의 지구에 대량으로 존재한 것으로 보인다. 그것이 사실이라면 점토 광물이 생명의 탄생에 결정적인 구실을 했다고 해도 별다른 무리가 없을 것이다.

점토 입자는 생명을 발생시키는 '시험관'

이스라엘에 거주하는 러시아 과학자인 마르크 누시노프 등도 점토 광물, 그중에서도 특히 벤토나이트의 작은 입자들이 생명의 발생 장소로서 잘 어울린다고 주장한다. 점토 입자는 내부가 벌어져 있어 그 사이에 아주 좁은 공간이 존재한다. 여기에 유기물이 용해된 '원시 수프'가 흘러 들어가면, 원래부터 촉매 성질을 지니고 있던 점토 입자 안의 공간은 여러 종류의 분자들이 반응을 일으키는 '시험관'이 될 수도 있다는 것이다.

게다가, 기온이 높아져 점토 입자 안의 물이 증발하면, 분자의 농도가 높아져 반응이 일어난다. 또 입자 속 물이 원래부터 적기 때문에, 물속에는 부서지기 쉬운 분자(RNA 등)도 안정적으로 존재할 수 있다. 이렇게 해서 점토 입자의 안에는 단백질이나 RNA가 생성되고, 바깥쪽에는 유기 분자의 막이 만들어졌고, 그것들이 어느덧 원초의 생명체로 진화했다고 한다. 지구 초기 단계에서 탄생한 '원시 수프'의 얕은 여울이나 해안 주변에도 점토 입자는 대량으로 존재했을 것이기 때문에, 이와 같은 시나리오는 납득하기 쉽다.

그럼에도 아직 많은 수수께끼가 남아 있다. RNA의 부품들이 점토에 의해 무리 없이 결합된다고 하더라도, 그 부품은 어떻게 만들어졌을까? RNA는 언제 어떻게 단백질을 합성하기 시작했을까? 유전 암호는 어떻게 성립했을까? 그리고 과연 어떤 시점에서 RNA가 DNA를 대신했을까? 이러한 문제에 관한 연구는 아직 시작 단계일 뿐이다.

지구 밖 생명은 지구 생물의 기원을 해명하는가?

생명체의 탄생 과정을 최신 과학의 관점에서 모순 없이 그려 내는 것은 지금으로서는 어렵다. 게다가 모순이 없는 의견이 반드시 옳다고도 할 수 없다. 어떠한 가설에서도, 그것을 증명하는 직접적인 증거가 발견되지 않았기 때문이다. 지구상에는 물질과 생명을 중개하는 '중간 단계의 생명'이 지금은 발견되지 않았고, 화석으로 발견될

전망도 없다. 따라서 생명의 기원을 해명하는 좀더 중요한 증거가 될 수 있는 것은, 바로 여기 살아 있는 우리들 생물일 것이다.

생명의 기원을 추적하기 위해서 현재 전 세계의 과학자들이 여러 가지 실험을 하고 있다. 하지만 시험관 안에서 생명을 만들어 내는 데 성공한다고 해도, 실제로 태고의 지구에서 그와 같은 과정으로 생명이 탄생했다는 충분한 증거가 되지는 못한다. '생명의 탄생 방향' 은 하나로 한정되어 있지 않기 때문이다. 이 근원적인 문제를 해결하는 데 또 다른 실마리를 제공하리라 기대할 수 있는 것은, 다른 행성을 탐색하는 일이다. 지금까지의 화성 탐사로는 생명의 흔적을 발견해 내지 못했다. 어쩌면 탐사선 바이킹의 착륙 지점이 생명을 찾는 데 그리 적합하지 않은 곳(생명에 꼭 필요한 물이 없는 곳이었다) 이었거나, 현지에서 이루어진 생명 탐사 실험이 적절하지 않았을 수 도 있다.

사진 13 **화성에 흐르는 물의 흔적**
화성의 크레이터에서 관측된 물이 흐른 흔적. 2005년 사진(오른쪽)에는 왼쪽의 1999년 사진에는 볼 수 없는 흔적이 찍혀 있다.
사진: 화성 탐사선 마스 글로벌 서베이어 | NASA

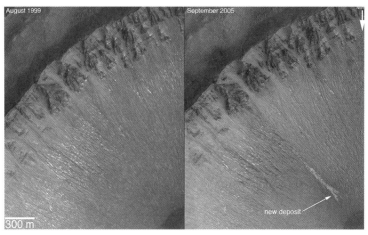

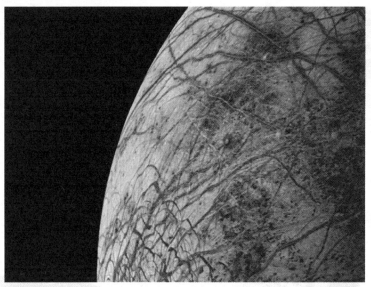

사진 14 **유로파와 타이탄**
목성의 위성 유로파(위쪽 사진)에는 팽대한 액체의 물과 옅은 대기가 존재한다. 또, 토성의 위성 타이탄(아래쪽 그림)에는 짙은 대기 그리고 대부분 메탄으로 구성된 바다가 있다. 이들의 위성은 생명이 자라날 가능성은 없다, 탐사선을 이용한 조사가 계획되어 있다.
사진·그림: NASA ㅣ JPL

그러나 최근에는 물이 흐른 흔적들이 화성의 다른 지점에서 발견되고 있다. 또 화성의 운석에서는 화석을 닮은 유기 화합물도 발견되고 있다. 따라서 화성의 생명(문어 모습의 화성인이 아니라 미생물)이나 그 화석이 발견될 가능성은 아직 충분히 남아 있다. 2007년 8월, 화성의 북극에 착륙해 물을 찾는 임무를 띤 NASA의 탐사선 피닉스 호가 지구를 떠났다. 목성의 위성 유로파나 토성의 위성 타이탄(사진 14)도 생명체가 존재한다고 해도 그리 이상하지 않을 조건을 갖추고 있는 것 같다.

이러한 장소에서 지구 밖 생명 혹은 '생명이 되어 가는 중인 물질'이 발견되었을 때, 그것이 지구 생물과 마찬가지로 DNA나 RNA를 유전 물질로서 사용하고 있는지, 그렇지 않고 전혀 다른 물질을 이용하고 있을지는 대단히 흥미로운 일이다. 유전 물질의 차이에 의해 생명의 발생 방법도 많이 다르기 때문이다.

어쩌면, 생명의 역사가 시작된 단계에서는 여러 가지 종류의 생명체가 탄생했을지도 모른다. 그리고 그렇다면 지구상에서 지금 살아 있는 모든 생물은, 그 생명체들 사이에서 몇 억 년, 몇 십억 년에 걸쳐 진행된 자연 선택을 거치며 번창한 '최적의 생명체'의 자손일 것이다. 어느 경우든 우리 인간을 포함한 지구 생명이 거대한 우주의 역사 중 어느 때인가 탄생했다는 사실만은 움직일 방법이 없다.

6장

종은 어떻게 시작되었나?

종은 번식을 통해 자손을 남기는 생물 집단을 말한다. 지구에는 현재 수백만에서 수천만에 이르는 종이 살고 있다. 근대 이전까지 학자들은 이 각각의 종이 모두 다른 시작을 거쳐 왔다고 생각했다. 그러나 진화론의 등장과 함께 이 모든 종들이 단 하나의 기원에서 분기되어 왔다는 것이 확실해졌다. 종이 처음 어떻게 생겨났는지와 관련된 수수께끼는 수많은 생물학자들이 매달리고 있는 최대의 연구 과제이다.

엠페도클레스의 '생물 기원론'

길가의 돌멩이보다 생물의 구조가 복잡하다는 것은 누구나 알고 있다. 생물체, 즉 유기체에 해당하는 영어 단어는 'organism'으로 조직화된organize 것이라는 의미를 담고 있다. 복잡함을 잘 나타낸 단어이기도 하다.

지구상에 사는 생물 '종'의 수는, 필자가 중학생일 때만 해도 100만 종이라는 간단한 숫자로 배웠다. 그러나 지금은 200만 혹은 300만 종 정도로 알려져 있다. 하지만 연구자들 중에는 1000만 이상이라고 보는 이들도 있다. 어느 경우든 종의 수는 헤아릴 수 없을 정도로 많아 보인다. 그러나 생물종 100만 혹은 1000만이 정말로 그렇게 헤아릴 수 없을 정도로 많은 것일까?

지금 여기에 형태가 다른 레고 블록 다섯 종류가 있고, 그것들을 자유롭게 조합할 수 있다고 해 보자. 빨강, 파랑, 노랑, 초록, 하양 이렇게 다섯 가지 색이 있다. 이런 블록 다섯 개를 짝지어 색이나 형태가 다른 조합을 만든다면 전부 몇 종류나 가능할까? 직감적으로는 그 다섯 가지만으로는 그리 많은 종류가 나올 것 같아 보이지 않는다. 아무튼 먼저 계산해 보기로 하자(같은 종류를 중복해 사용할 수 있다고 하자).

$$(5 \times 5)^5 = 9,765,625$$

거의 1000만에 가까운 수이다. 하지만 이런 식의 창조 신화는 어디서도 들어 본 적이 없다. "신은 주사위 놀이를 하지 않는다"■라고 한 이는 아인슈타인이었다. 물론 하느님이 레고 놀이를 했다는 말 역시 들어 본 적이 없다. 생물의 A종과 B종 사이의 차이에는 좀더 다양한 요소가 서로 복잡 미묘하게 결부되어 있다. 확률 계산만으로 간단히 답이 나오는 문제와는 성질이 다르다. 어느 정도 이에 근접한 것은 고대 그리스의 철학자 엠페도클레스가 논한 다음과 같은 '생물 기원론'일 것이다.

옛날, 세계가 시작될 때에는 여러 가지 동물의 다리나 몸통 등이 따로따로 있었다. 그것들이 아무렇게나 조합될 수 있어서, 머리에 다리가 난 소의 머리에다 인간의 몸통이 붙는 등 대개는 불합격품이었다. 하지만 극히 드문 우연의 결과 바르게 조합된 것도 생겨났고, 이들이 오래 살아 현재와 같은 생물의 세계가 열렸다. 남아 있는 옛 문서의 단편들을 참조하면 대강 이런 내용인 것 같다.

이것은 생물학이라기보다는 철학의 일부였다. 즉, '적합한 것이 오래 산다'는 것이다.

그러나 이것을 진화론의 선구로 자리매김하면, 예상과는 완전히 다른 것이 되고 만다. 세계를 형성시킨 대원리는 사랑과 혐오, 두 가지이며, 사랑은 끌어당기고 혐오(증오)는 반발한다는 것이 엠페도클

■ 아인슈타인이 양자역학의 확률 해석(원자 수준에서 개개의 사건은 확률적으로 정해진다)에 대한 비판으로 한 말이다. 그는 미세한 현상 뒤에는 미지의 변수가 숨어 있고 그 결과로 확률적 우연성이 나타나는 것뿐이라고 주장했고, 평생 그 입장을 바꾸지 않았다.

그림 1 **엠페도클레스**
고대 그리스의 철학자. 만물은 불, 물, 흙, 공기의 4원소의 혼합으로 이루어져 있으며, 사랑과 혐오라는 상반하는 두 힘이 작용해 이합집산한다고 생각했다. 윤회설을 믿고, 그것을 증명하기 위해 에트나 화산에 투신자살했다고도 전해진다.

레스의 철학이었다. 세계의 원리라는 그 사랑도, 현대의 멜로드라마 속 사랑과 같아서 경계가 없지만, 그러한 사랑의 결정結晶 중에는 가끔 바른 것이 나오는 일도 있는 것이다. 고대 그리스의 철학자가 내놓은 이 기발한 답안에 낙제점을 주는 일은 간단하다. 하지만 그렇다면 여러 가지 종은 어떻게 가능했을까? 종의 기원과 관련된 문제를 푸는 것으로 되돌아가 정색을 하고 다시 질문을 한다면 그에 대한 대답은 쉽지가 않다.

생물학을 지배해 온 '창조설'

이 전제에 대해서 세계에 오래도록 영향을 미친 대답의 하나가, 서구 기독교가 내세운 창조 신화였다. 근세의 생물학도 역시 서구에서 발전했다. "창조주(신)에 의해 모든 종이 개별적으로 만들어졌다"고 하는 그리스도교의 기원설은 생물학에 그대로 흡수되어, 19세기까지 지배권을 유지했다. 이 입장을 '특수 창조설specific

사진 1 **카를 폰 린네**
스웨덴의 식물학자이자 박물학자. 생물을 동물계와 식물계로 나누고, 종, 속, 과, 목의 계층 구조로 정리하는 분류법을 처음 제창하여, 오늘날 분류 체계의 기초를 만들었다.

creationism'이라고 한다. 사전에는 specific을 '특별한' 혹은 '특수한'이라고 번역해 놓았지만, 이것은 생물학에서 말하는 '종species의'라는 형용사이기도 한 이중의 의미를 가지고 있다. 각각의 종이 별개로 만들어진 '개별 종 창조설'이라고 번역하면, 더욱더 정확할지도 모른다.

모든 종은 처음에 각각 별개로 창조되었으며, 그 후로는 본질적으로 변화하지 않는다. 근대 분류학의 출발점을 쌓은 카를 폰 린네도 그렇게 생각했다. 다만 린네는 뛰어난 박물학자였기 때문에, 같은 종에 속한 각 개체들을 비교하면 차이(변이)가 있는 것들도 있다거나, 다른 종 사이에서 잡종이 생긴다는 것도 알았다.

하지만 이것은 '종은 변하지 않는다'라는 생각과 모순을 일으킨다. 그래서 그는 창조된 후에도 일정한 범위의 변화가 생기는 것을 인정했다. 그러나 잡종이라고 불리는 생물은 종 내부의 변화 범위를 뛰어넘는다. 이것은 종이 창조되었다는 생각을 벗어나는 이상한 조합이기 때문에, 잡종 그 자체는 가능하더라도 그 자손은 태어나지 않는다는 사실을 강조했다(실제로도 말과 당나귀의 잡종인 노새에게는

ON

THE ORIGIN OF SPECIES

BY MEANS OF NATURAL SELECTION,

OR THE

PRESERVATION OF FAVOURED RACES IN THE STRUGGLE
FOR LIFE.

By CHARLES DARWIN, M.A.,

FELLOW OF THE ROYAL, GEOLOGICAL, LINNÆAN, ETC., SOCIETIES;
AUTHOR OF 'JOURNAL OF RESEARCHES DURING H. M. S. BEAGLE'S VOYAGE
ROUND THE WORLD.'

LONDON:
JOHN MURRAY, ALBEMARLE STREET.
1859.

The right of Translation is reserved.

생식 능력이 없다).

그렇다고는 하지만 육종가들이 같은 종 안에서 만들고, 거기에다가 인위적인 선택을 여러 차례 해서 만들어 낸 '바뀐' 생물의 폭이 넓은 것을 보면, 종이 고정되어 있다는 주장에는 무리가 있어 보인다. 찰스 다윈도 전 세계적으로 유명한 저서《종의 기원》의 첫 장에서 이러한 인위적 선택의 성과를 우선 끌어내고, 그것을 바탕으로 그 자신이 생각해 낸 '자연선택'에 관한 이야기를 진행해 나간다.

하지만 자연선택설에 따르면, 종은 처음에는 소수에서 출발해(다윈은 책 마지막에서 "소수 혹은 단 하나의 것"이라고 덧붙였다) 그것이 조금씩 변화를 거듭하면서 진화해 종류가 늘어난 것이 된다. 물론 이것은 기존의 경건한 정통 기독교적인 사고방식과 정면으로 충돌한다. 특히 '단 하나의 것'에서 모든 생물이 태어났다는 주장에 이르면, 인간의 특별한 지위마저 위협을 받는다.

《종의 기원》에 실린 단 한 장의 그림

다윈의 《종의 기원》에는 삽화가 거의 없다. 제4장 "자연선택"에 유명한 그림이 하나 실려 있을 뿐이다. 이 그림에서 시간은 아래에서 위를 향해 흐르고, 평행선의 간격은 각각 1000세대 또는 그 이상의 세대를 나타낸다. 여기에서 A~L은 어떤 지역의 큰 속을 대표하는 종이고, A는 특히 그 지역에 널리 분포해 많은 변종을 만들어 낸다고 한다(다윈은 무엇보다도 널리 확산한 종은, 드물어서 한정된 종에 비해 보다 많이 변이한다고 말한다).

A부터 출발해 갈라져 나온 6개의 선(분수형)은 각각, 변이하는 자손

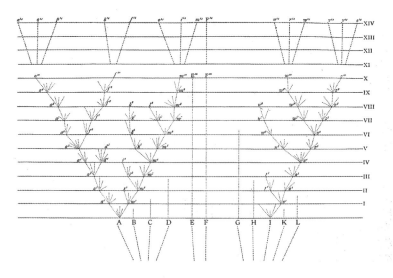

그림 2 종의 진화를 나타내는 개념도

《종의 기원》에 실린 유명한 그림. 종 A에서 나누어진 자손 중에서 환경에 적합한 계통만이 살아남는 식으로 점차 변화해 간다.

자료: 찰스 다윈, 《종의 기원》

의 계통을 나타낸다. 부모와 조금씩 다른 자식이 대대로 출생하여, 그 변이가 집적한 각 계통의 끝은 열려 있다. 1000세대 후에는, 이들 중 환경에 적합했던 자손의 계통만이 오래 살아남고(양측의 2개의 점선), 나머지는 전멸한다. 이것을 반복하면서(위쪽 방향으로), 종은 점차 변화해서(가로 방향으로), 변종의 수도 늘어 간다(부채꼴 모양으로 넓어진다).

생명의 기원을 묻는 것은, 자식을 낳을 수 있는 부모, 즉 자기 증식을 통해 저절로 늘어 가는 듯한 지상 최초의 생명 시스템이, 언제 어떻게 해서 시작되었는지를 논하는 것이다. 이것에 대해 종의 기원의 문제는, 일단 이렇게 해서 확립한 것이 단지 함께 그대로 계속되는 것이 아니고, 변화하는지(종A→종A′), 혹은 종의 수를 늘리는지(종A→종A＋종B) 하는 것이다.

그림 3 **멧돼지와 돼지**
멧돼지와 돼지는 겉보기에는 많이 다르지만, 분류학적으로 보면 동일한 종 안에서 변종 정도에 차이가 있을 뿐이다. 돼지를 야생으로 되돌려 보내면 곧 멧돼지처럼 변한다.
자료: 조지 로마니스, 《다윈과 다윈 이후》

    종이 변화하거나 그 수가 늘어나는 과정은 그림 2에 간략하게 표현되어 있다. 그러나 이러한 과정이 진행되어 나가는 기제, 그리고 그 기제를 추동하는 힘이 무엇인지와 관련해서는 이 그림만으로는 아무것도 읽어 낼 수 없다. 열차 운행표, 그중에서도 특히 노선이 복잡한 운행표에는 수많은 선이 놀라울 정도로 복잡하게 얽힌 상태로 그려져 있다. 직선과 사선이 종횡으로 어지럽게 뒤얽혀 달린다. 하지만 그런 선들을 아무리 살펴보아도 열차를 움직이는 힘이 전력인지 디젤 엔진인지는 전혀 알 수 없다. 종횡으로 교차하는 선을 운전 사령실에서 어떻게 제대로 조절하고 있는지에 관한 정보도 이런 노선도에서는 전혀 얻을 수 없다. 그리고 이것은 앞에 나온 다윈의 그림에서도 마찬가지이다.

쇠똥구리의 '잃어버린 관절'

다윈은 자신의 진화론을 전개하면서 자연선택을 중시했다. 그러나 자연선택을 아주 엄밀하게 적용하지는 않았다. 좋게 말하면 유연하고, 나쁘게 말하면 애매한 점이 여러 군데 눈에 띈다. 예를 들면, 생물의 신체 부위는 자주 사용하면 발달하고, 너무 사용하지 않으면 기능이 줄어든다며 "이러한 변화가 유전한다는 것은 거의 의심할 바가 없다"라고 했다. 마치 라마르크의 '용불용설''을 연상시키지만, 사실 이것은 《종의 기원》 중 '변이 법칙'이라는 장의 일부이다.

다윈은 실례도 많이 들고 있다. 풍뎅이과에는 쇠똥구리라고 불리는 무리의 곤충이 있다. 똥이라는 이름이 많이 지저분하게 들리기는 하지만, 신성투구벌레라는 유명한 곤충도 실은 쇠똥구리류에 속한다. 이 벌레는 짐승의 똥을 굴려 공처럼 만든 다음, 그것을 애벌레들을 위한 주택 겸 저장용 식량으로 이용한다. 똥을 굴리는 작업은 중노동이고, 다리관절 끝에 있는 발목마디는 이 일에 방해가 된다. 그래서 쇠똥구리류 중에는 애초부터 발목마디가 없는 종도 적지 않다. 선조 세대마다 부절이 반복해 비틀어진 결과, 머지않아 그 결함이 자손의 유전 형질에 새겨 넣어진 것일까? 만약 그렇다면, 그것이 바로 '획득 형질의 유전'이라는 것이 된다.

훗날 독일의 동물학자 아우구스트 바이스만은 실험에서 쥐의 꼬리를 반복해서 자르더라도, 그것이 다음 세대에 형질로 포함되지 않는다며 획득형질의 유전을 부정했다. 그렇다면 쇠똥구리는 이러한

■ 용불용설과 획득형질의 유전 | 1809년, 프랑스의 동물학자 장 바티스트 드 라마르크는 《동물 철학》에서 처음으로 "종은 변화한다"라고 주장했다. 그는 개체가 살아가는 데 꼭 필요한 기관은 발달하고 불필요한 기관은 퇴화한다는 '용불용설'을 주장했다. 그는 그러한 변화가 자손에게 계승되어(획득형질의 유전) 진화가 일어난다고 했다.

쇠똥구리는 똥을 둥글게 굴려, 거기에 알을 낳는다.

쇠똥구리는 태어날 때부터
앞다리의 끝(부절)이 없다.

그림 4 **쇠똥구리**
자료: D. 샤프, 《케임브리지 자연사》

실험과 같은 유형의 실험이 자연에서 성공한 사례일까? 다윈 역시 그러한 견해를 취한 것은 아니었다. 하지만 그는 이것을 사용하지 않았기 때문에 "퇴화"한 것으로 여긴다.

"비틀림이 유전한다고 믿을 만한 증거는 존재하지 않는다. 오히려, 신성투구벌레의 앞다리 부절에 결함이 생기고, 그 밖의 속에서는 흔적 상태로 있는 것은, 선조에게 불용의 영향이 길게 지속되었기 때문이라는 설명 쪽을 나는 선택해야 한다." (《종의 기원》에서)

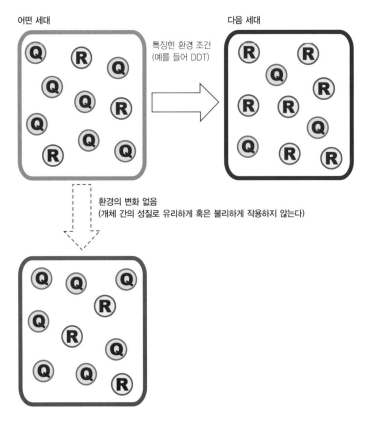

그림 5 **자연선택에 의한 진화**
어떤 세대의 개체군에 있어서, 개체 간 어떤 성질에 Q와 R의 차이가 있었다고 한다. 어떤 환경의 원인으로 R이 Q보다도 생존이나 번식에 대해 유리하게 작용한다고 하면, 다음 세대에는 R의 성질을 가진 개체가 다수를 차지하게 된다.

획득형질의 유전에는 꽤 이해하기 어려운 점도 있지만, 여기서는 상세한 내용은 생략하기로 한다. 하지만 아무튼 현대의 우리가 다윈에게서 기대하는 것과 같은 자연선택에 기반한 설명이 아닌 것은 명백하다. 만일 자연선택에 의한 설명을 하면 다음과 같이 될 것이다.

"태어난 어린 성충 속에, 가끔 부절이 퇴화한 것이 있다. 이 개체 쪽이 똥덩어리를 만들 작업에 더 유리하기 때문에 다수의 자손을 남기고, 그 계통이 집단 내에 우세를 차지해, 부절이 없는 새로운 종의 모든 개체에게 공통하는 형질이 되었다."

단, 쇠똥구리의 앞다리라는 이 구체적인 사례에 대해서 이처럼 단언한 '신다윈주의'* 교과서를 필자는 읽은 기억이 없다. 하찮은 예이기 때문에, 누구도 교과서에 쓰지 않은 것일까? 아니면 왠지 어색한 설명이라고 느껴져 기가 죽은 것일까? 아무튼 확실히 어색하다. 그러나 이 어색함을 무시하고 모든 경우를 끝까지 밀고 나가는 것이야말로, 신다윈주의의 기본 방침이기도 하다.

특히 경우에 따라서는 자연선택에만 전적으로 의지한 설명도 있다. 예를 들면, 도쿄만의 쓰레기 매립지인 꿈의 섬에 파리가 대규모로 발생하자 살충제(DDT)를 마구 사용해, DDT에 저항성이 강한 '슈퍼 파리'가 태어난 예를 생각해 보자.

살충제는 비교적 간단한 화합물이기 때문에, 분자 구조 안에서 중요한 결합 가운데 어딘가 한 군데만 잘못되어도 살충 효과가 사라진다. 파리가 선조에게서 물려받은 효소 중에 우연히, 절단 능률이 좋은 것이 숨어 있을 경우도 가능하다. DDT와 만났을 때 이 효소를 가지고 있는 개체는 생존에 매우 유리해져 집단 내에서 수가 늘어난다. 그것만으로도 '슈퍼 파리'는 출현할 수 있다(이 이외에도 해충이나 세균을 살충제로 박멸할 때 생기는 저항성과 관련하여 이 종의 선택이 일어난 예가 알려져 있다).

유전자의 본체는 DNA이고, DNA는 번역되어 단백질을 만든다.

■ 신다윈주의의 종합설 | 다윈 진화론(다윈주의)의 현대판은 신다윈주의 혹은 현대 진화론이라고도 불린다. 다윈 진화론은 생물 형태의 차이는 생존에 유리하게 혹은 불리하게 작용하기 때문에 자연선택을 일으킨다고 했다. 유전학에 기반해 형질의 차이가 유전자의 돌연변이에 의해 생긴다는 것이 바로 신다윈주의 학설이다. 이것은 진화론과 유전학이 통합된 이론이다.

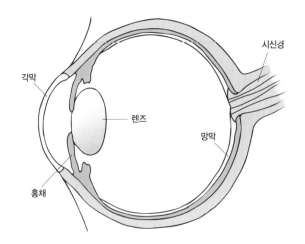

그림 6 **척추동물의 눈 구조**
척추동물의 눈은, 매우 정교한 구조를 하고 있다. 이 눈 개개의 부품이 따로따로 진화하여, 어느 날 완전한 눈으로 움직이기 시작했다고 생각할 수 있을까?

단백질의 대부분은 효소이다. 그러므로 효소 반응은 유전 정보와 직접적으로 연결해 생각할 수 있다(실제로는 이러한 번역 과정 앞에 DNA-RNA라는 전사 1단계가 있지만, 여기에서는 생략하고 설명해도 별 무리가 없다).

그러나 앞의 쇠똥구리가 잃어버린 앞다리의 경우는 그렇게 단순하게 설명할 수가 없다. 이와 같은 형태학적 특징의 변이를 개별 유전자들의 자유로운 변화와 1대 1로 대응시켜 전체를 이미지화하는 것은 어려운 일이다. 그 때문에 이러한 형질을 포함해 전체적으로 드문드문 발생하는 돌연변이를 통해 적응에 유리하게 변하여 새로운 종이 성립되는 식으로 진화가 진행된다는 설명에는 아무래도 어색한 점이 있어 보인다.

특히 척추동물의 눈(그림 6)처럼, 렌즈의 구조, 감광필름(빛을 받아들이는 필름)으로서의 망막, 전송 장치인 시신경의 배치 등 모든 부품의 기능과 구조가 제대로 잘 갖추어져 있어야만 비로소 의미를 갖는 훌륭한 구조 복합체의 기원을 어쩌다가 간혹 발생하는 변이라는 것으로 설명하려 든다면 그 어색함은 더욱 두드러져 보이게 마련이다.

진화론을 부정한 파브르

척추동물의 눈과 관련된 문제는, 애초부터 자연선택설에 대해 퍼부어진 비판 중 하나였고, 다윈 역시 이미 잘 알고 있던 것이었다. "눈을 생각하면 죽고 싶을 정도입니다"라고 아는 사람에게 편지로 고백한 적도 있다는 것으로 보아 단순한 농담은 아니었던 것 같다. 그러나 다윈은 시종일관 자연선택설로 버틴다. 그러기 위해 자신에게 극도로 불리한 듯한 부분에서 양보해야 할 것은 양보한다. '용불용'에 대해서 말한 부분에서도, 그는 쇠똥구리의 부절 이외에도 여러 예를 들며 과감하게 '양보하고 있다.'

그렇지만 생물체의 구조만이 아니라, 곤충의 본능처럼 복잡한 행동 패턴과 관련해서도 똑같은 비판이 성립된다. 곤충의 복잡한 행동역시, 개개의 행동이 전부 행해지고 난 다음에야, 그 행동 패턴이 전체로서 의미를 갖게 되기 때문이다. 어떤 말벌의 예를 들어 보자.

암컷 벌은 알을 낳기 전에 우선 집을 판다. 그다음에 알을 낳기 위해 사냥감(거미나 애벌레 등)을 잡으러 가, 그 벌레의 특정 관절 바로 밑에 있는 신경절을 바늘로 찔러 마비시킨다. 벌레를 집이 있는 곳까지 운반한 다음에는 일단 내려놓고, 자신이 집을 비운 사이에 집에 이상이 생기지 않았는지를 조사하기 위해 구멍으로 들어간다. 안전해 보이면 사냥감을 구멍으로 운반해 집어넣고, 벌레의 몸에 알을 낳는다.

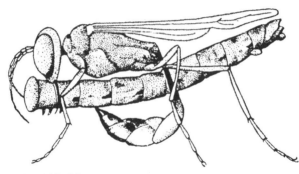

그림 7-1 **애벌레를 붙잡은 말벌**

　일련의 이런 연속적인 행동을 할 때, 벌은 마치 하나하나의 행동이 뜻하는 바를 전부 알고 있다는 듯이 차례로 실행했다. 아무런 원형도 정해져 있지 않은 처음부터, 개개의 부분적 행동들을 임의대로, 즉 하나하나 모색하면서 해나가는 것만으로도 이렇게 멋지게 통일된 행동이 나올 수 있는 것일까?

　곤충 관찰자인 앙리 파브르가 다윈의 진화론에 대해 강한 불신을 일관되게 표명한 것도, 이와 같은 점에서 설명이 어색하다는 것을 통감했기 때문으로 보인다. 그렇다면 과연 자연선택설보다 더 나은 과학적인 설명이 있을까? 말만으로 설명하는 것이라면, 얼마든지 가능하다. 곤충에게도 지혜가 있다든지, 조화로운 행동은 자연의 섭리라든지, 행동의 구조는 처음부터 하나의 구조로서 단번에 완성되는 것이라든지 하는 식으로 말이다.

　이중에서 곤충은 지혜가 있기 때문에 자신이 하는 행동의 의미를 알고 있다는 견해는 파브르가 야외 실험으로 부정해 보였다. 말벌이 사냥감인 거미를 잡은 다음 집으로 되돌아와서, 집의 구멍에 이상이 없는지 조사하러 들어갔을 때, 파브르가 거미를 몇 미터쯤 떨어진 곳으로 옮겨 버리는 심술궂은 실험을 했다는 이야기는 유명하다. 밖

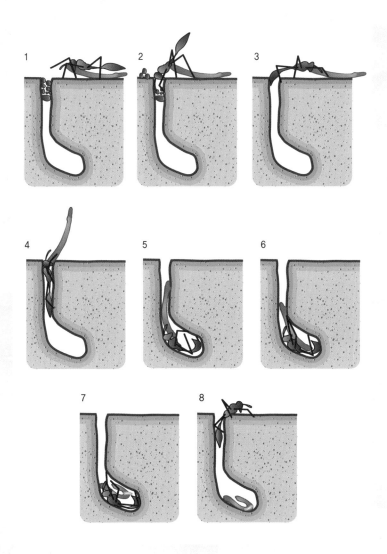

그림 7-2 **말벌의 본능 행동**
애벌레를 꽉 쥐고, 신경절에 바늘을 찔러 마비시킨다. 그리고 사냥감을 집 근처까지 운반하여, 임시 마개
를 빼 구멍 안을 조사하고 사냥감을 구멍에 끌어들인 다음 애벌레의 몸에 알을 낳는다.
자료: L. 베랑, 《동물학 논문》

으로 나온 벌은 당황해 하다가 거미를 찾으면 다시 굴 쪽으로 운반하고, 앞서 이미 조사한 것만으로도 별 이상이 없음을 알고 있는 구멍 내부를 조사하기 위해 다시 구멍 안으로 들어간다. 그 사이 파브르는 또 거미를 몇 미터쯤 멀리 옮겨놓는다.

이런 식으로 실험은 지칠 때까지(벌이 아니고 파브르가) 반복되었지만, 벌은 경험에서는 아무것도 배우지 못했다. 이 실험을 통해 곤충 관찰자 파브르가 얻은 확신은, "벌은 집의 이상을 조사하기 '위해서' 기어 들어가는 것이 아니다"라는 것이었다. 사냥감을 구멍 옆에 놓은 다음 구멍으로 기어 들어가는 행동 연쇄는, 처음부터 그처럼 결정된 것이며 진화 따위는 없이, 그저 영원히 반복되는 것이다. 이런 설명을 들으면 확실히 납득할 수 있을 것 같기도 하고, 왠지 시적인 울림까지도 느껴진다. 그러나 "처음부터 그처럼 결정된다"라는 한마디 말로 해결된다면, 과학 같은 것은 애초부터 필요가 없는 것이다. 물론 이 책도 필요 없어진다.

불완전한 진화는 파탄을 초래한다

지구의 나이는 대략 46억 살이다. 이것은 현대 우주 과학이 밝혀낸 과학적인 결론이다. 그러니 지금부터 47억 년 전에는 지구는 존재하지 않았고, 따라서 벌도 없었다. 지구 최초의 벌은 갑자기 나타나지 않았다. 곤충은 그보다 하등한 생명체에서 진화해 왔다. 이것은 생물학이 주장하는 과학적인 결론이다.

오늘날의 생물계에서 볼 수 있는 것과 같은 복잡한 행동 패턴이나 구조 복합체는 매우 정밀하게 그리고 목적에 맞게 기능하는 것처럼 보인다. 이런 정밀한 시스템이 원래는 불완전한 상태에서 한걸음 한 걸음씩 '점차' 개량되었다는 주장은 다소 무리가 있어 보인다. 패턴은 어느 순간에 단번에 성립되었다고도 주장할 수 있을 것이다. 어중간한 것은 파탄을 초래하기 때문이다. 《파브르 곤충기》에서 파브르는 이 어중간이라는 것이 어떠한 의미인지 구체적인 사례를 지겨우리만치 많이 자세히, 그리고 많이 설명했다. 그러나 생물이 가진 완전한 패턴이 돌연적으로 생겼다는 견해 또한 패턴은 원래 아주 오래전부터 그 상태 그대로 존재했기 때문에 기원을 따질 수조차 없다는 주장만큼이나 추상적이어서 아무런 도움이 될 것 같지 않다.

여기에서는 앞의 '점차' 가 뜻하는 의미를 다음과 같이 생각하면 어떨까 싶다. 개개의 유전자가 다른 유전자와는 무관하게 무작위로 변이를 일으키는 것이 아니라, 통제를 벗어나 조화를 이룬 변화를 거듭하여, 새로운 종으로 옮겨 갔다고 생각하는 것이다(이렇게 말하면 개개의 유전자의 변이 범위나 규칙을 정하는 상위 구조가 필요하긴 하다).

이렇게 말하는 것 역시 추상적이기는 마찬가지일 것이다. 단, '조화로운 변화' 를 적극적으로 강조한 견해도 최근 점차 힘을 얻어 가고 있다는 말을 덧붙여 놓고 싶다. 캘리포니아 대학교의 존 게르하르트와 하버드 대학교 의과대학의 마크 키르슈너, 이 두 생물학자가 주장한 '진화 가능성' 이 그것이다. 이 학설에 따르면 어떤 방향으로 정해져 있는 작은 변화가 진화를 맡는다는 생각에는 무리가 없으며, 생물학의 데이터를 통해서도 충분히 추정할 수 있다고 한다. 이것은 이단적인 의견이 아니라 주류 진화 연구자가 주장한 것이다. 조화를 안정되게 하는 '상위의 구조' 나, 현대 유전자 시스템의 연구에 의해 지지된다.

흑화한 나방이 다시 하얘지다

현대에 100만 종의 생명체가 있으면 과거 100만 종의 기원이 있었던 것임에 틀림없다. 그러나 생물 진화 과정에서 새로운 종이 탄생하는 기제를 정확히 알아내는 것은 매우 힘든 일이다. 인간의 연구 속도에 비해, 진화가 진행되는 시간의 규모가 너무나 크기 때문이다. 하지만 현대의 공업 사회는 우리에게 뜻밖의 사례를 하나 선사해 주었다. 바로 그 유명한 '나방의 공업 흑화'이다.

19세기 중반, 매연으로 검어진 영국의 한 공업 도시 근교에 있는 숲에서, 몸 색깔이 검은 돌연변이형의 후추나방이 급증했다. 박물학자인 버나드 케틀웰은 이 나방을 연구했다. 그는 후추나방 몸의 검은색이 배경에 보호색으로 작용하기 때문에 포식자인 새가 찾아내기 어렵고, 흑화된 형은 기존의 밝은 색을 띤 개체보다 생존에 유리할 것이라는 가설을 세우고 많은 증거를 모았다.

야생성 나방의 날개 색은 나무에 붙어 자라는 지의류地衣類(균류와 조류의 복합체)의 색과 비슷하기 때문에, 나무줄기에 앉을 때 보호색

사진 5 **나방의 공업화**
19세기 중반, 영국의 도시 주변에서 후추나방의 날개가 검어진 돌연변이형이 급증했다. 박물학자 케틀웰이 야생형(사진 위)과 흑화형(사진 아래)을 표식을 남기고 풀어 놓았다가 다시 포획하여 조사한 결과, 흑화형은 야생형에 비해 잡히기 어렵고, 색이 다르지만 유전하는 것이 밝혀졌다.

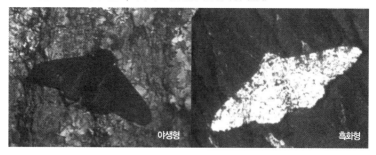

야생형　　　　　　흑화형

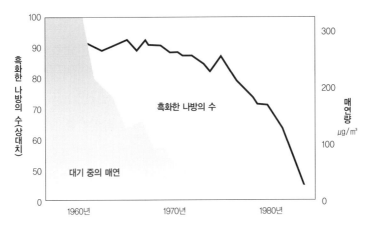

그래프 1 **나방의 공업화**
공업화가 진행됨에 따라 늘어난 대기 중의 매연과 흑화한 나방 수의 상관관계. 그래프를 보면
1960~1980년대에 매연이 감소하자 흑화한 나방의 수가 줄어든 것을 알 수 있다.
자료: 마이클 부처

구실을 했다. 그런데 배기가스의 영향으로 지의류가 떨어져 나가고
껍질이 매연으로 검게 변한 나무에 앉으면 보호색이 오히려 방해가
되었다. 포식자의 눈에 더 잘 띄게 된 것이다. 당시 맨체스터 등에서
모은 데이터를 종합하면 숲의 오염 정도와 흑화형 나방의 증가가 눈
에 띄게 비례하는 것을 볼 수 있었다. 검게 변한 나무껍질에 앉아 마
치 둔갑술이라도 쓰는 양 모습을 숨기고 있는 나방의 사진은 현대의
온갖 진화 해설에 반드시 등장하는 이야기 중 하나이다.

1960년대 중반쯤 영국에서 대기 정화법이 시행되어 숲이 어느 정
도 생기를 되찾았다. 그러자 흑화형 나방의 수도 다시 줄어들었다
(그래프 1). 날개의 흑화 현상이 보호색으로 발달했다는 사실이 그로
써 실증되었다며 기뻐한 연구자도 있었다.

하지만 적어도 종의 발단을 규명하고자 하는 진화학자라면 기뻐
해서는 안 된다. 최초의 동기는 보호색이었을지라도, 어쨌든 야생형

과 돌연변이형 A 사이에 일정한 차이가 생겨났다면 그 차이가 그대로 유지되고 거기에 새로운 차이가 겹쳐 쌓여 나가 결국에는 서로 교배가 불가능할 만큼의 차이가 생겨나 새로운 종이 완성된다. 이야기는 이렇게 되어야만 한다. 새로운 종으로 향하던 걸음이 환경이 바뀜과 동시에 다시 돌려지는 것과 같은 우유부단한 현상을 통해서 새로운 종의 확립을 설명할 수 있을지 자못 의심스럽다.

흑화가 보호색이란 것은 얼핏 분명해 보이기는 하지만, 사실은 이에 관해서도 비판적인 연구가 있다. 이 나방은 나무줄기 이외의 곳에 날아 앉는 일이 많다는 관찰 결과나, 포식자인 새에게는 '시각 이외'의 다른 요소가 더 중요하다는 이론적인 계산 등이 그것이다. 또한 매연과 함께 배출된 중금속이 나방의 몸 색깔을 짙게 만드는 직접적인 원인일 수도 있다는 생리학적인 제안도 있었다. 하지만 이러한 비판이 일부 들어맞는다는 것만 가지고, 유전자의 돌연변이를 중시하는 신다윈주의의 진화에 대한 설명 전체를 부정하는 것은 어리석은 일일 것이다.

진화의 발자취가 담긴 블랙박스

진화의 발자취는 전적으로 우연에 기댄 것일까? 진화의 우연성에 관해서는 오늘날까지도 갑론을박이 계속되고 있다. 하지만 '세균에서 인간까지의' 발자취가 지구상에서 수십억 년에 걸쳐 진행되어 왔다는 것만큼은 분명하다. 이것마저도 믿지 않는 사람이 있다면 그것은 그 사람의 자유겠지만, 그런 사람에게는 이 책 역시 별 도움이 되지 않을 것이다.

지금까지 진행되어 온 진화의 발자취나 그 구조와 관련해 아직 해명되지 않은 블랙박스가 많이 남아 있다거나, 혹은 미해결된 논쟁이 남아 있다는 것과 진화라는 현상이 실제로 일어났다는 것을 받아들이느냐 마느냐의 문제는 구분해야만 한다. 진화는 구체적으로 어떠한 경로로 진행되어 왔을까? 그중에서도 특히 인간의 진화와 관련된 내용은 이곳에서 짚어 볼 여유가 없기 때문에 나중에 살펴보기로 한다.

지리적 격리가 진화를 후퇴시키는 것은 아니다

　이 장의 가장 중요한 주제는 '종의 시작'이었다. 흑화형 나방은 신종의 발단이라는 점에 있어서 이에 관한 매우 적절한 실례처럼 보였다. 야생형의 학명은 '비스톤 베툴라리아 티피카Biston betularia typica'인데 반해 흑화형은 '비스톤 베툴라리아 카르보나리아Biston betularia carbonaria'라고 불리고, 후자는 전자의 변종으로 취급된다. 그런데 문제는 환경이 개선되자마자 바로 야생형이 세력을 회복한 것이다.
　변종이 '발단의 종'이고, 거기서 한 걸음씩 더 나아가 머지않아

사진 6 **얼프리드 월리스**
다윈과는 다른 식으로 자연선택론에 도달한 영국의 박물학자. 25살 무렵 다윈의 《비글호 항해기》에 자극을 받아 아마존 탐험대에 참가했다. 귀국 후 혼자 힘으로 자연선택을 착상하여 작성한 논문을 다윈에게 보냈다. 그해 린네 학회에서 다윈과 월리스의 공저로 발표되고, 이듬해 《종의 기원》이 출판되었다.

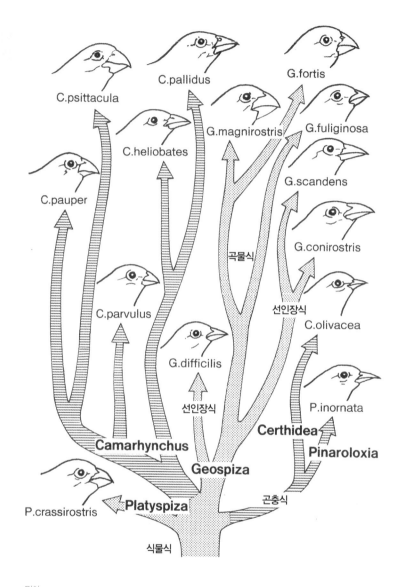

C.psittacula

C.pallidus

G.fortis

G.magnirostris

G.fuliginosa

C.heliobates

C.pauper

G.scandens

곡물식

G.conirostris

C.parvulus

선인장식

C.olivacea

G.difficilis

선인장식

P.inornata

Certhidea

Camarhynchus

Pinaroloxia

Geospiza

곤충식

P.crassirostris

Platyspiza

식물식

핀치
갈라파고스 제도에 서식하는 나윈의 핀치. 시상성 핀치의 일종(G. fortis)은 몸이 큰 쪽이 먹이를 얻기
도, 교미 상대를 획득하기도 쉽기 때문에, 세대가 바뀔수록 몸이 커졌다.

그림 8 자연선택에 의한 다양화의 예

꿀빨기새
하와이 제도의 꿀빨기새는 사는 섬에 따라 부리의 형태가 다양하다. 각각의 섬의 환경에 적응한 것이
자연선택된 결과, 다양화가 진전된 것으로 보인다.

새로운 종이 확립한다고 해도, 한 걸음씩 후퇴시킬 수는 없기 때문에 브레이크가 필요하다(다윈의 진화론과 동시에 린네 학회에서 발표된 앨프리드 월리스의 논문 제목은 〈변종이 원래의 종에서 무한하게 멀어지는 경향에 대해서〉였다. 만약 그런 경향이 없었다면, 끊임 없이 가파른 길을 올라가는 기관차처럼, 같은 곳에서 진퇴양난 하는 수밖에는 없지 않을까?).

이러한 난점도 자연선택설이 제출되자마자 곧 지적된 적이 있다. 그리고 그에 대처할 하나의 유력한 안이 '격리'였다. 그중에서도 특히 알기 쉬운 예는 지리적인 격리이다. 다윈이 갈라파고스 제도에서 표본을 가지고 돌아왔고, 그 후에 데이비드 랙이 면밀하게 연구한 이 제도 특유의 작은 새 핀치의 예는 특히 유명하다. 또 하와이 제도의 꿀빨기새라는 작은 새 등에 관해서도, 이것과 매우 유사한 예가 알려져 있다(그림 8).

이 제도에는 부리의 형태도 다르고 그 밖의 여러 가지 면에서 차이가 있는 새들이 살고 있다. 이들은 별개의 종으로 인정된다. 각각의 섬에 소수의 개체가 격리되어 살고 있기 때문에, 섬에 사는 새들마다 변화가 조금씩 각기 다른 방향으로 진행되어 축적했다고 보면, 이러한 차이의 이유를 이해하기 쉽다. 그러나 서식처가 그토록 단절되어 있는 예는 흔하지가 않다. 그렇다면 흔히 찾아볼 수 있는 '보통의 경우'에는 어떨까?

가정이지만, 만약 앞의 흑화형 나방이 야생형과 날개의 변이는 물론 활동 시간도 달라서 서로 마주치는 일이 없었다면 공기가 맑아졌다고 그 즉시 처음으로 되돌아가는 일은 없었을지도 모른다. 만일 그러한 일이 일어났으면, 그것은 '행동 습성에 의한 격리'가 된다. 그밖에도 서식처나 섭식 행동의 변화에 의한 격리 등 여러 가능성을 생각해 볼 수 있을 것이다. 여기서 격리를 근거로 자연선택설을 공격하는 것은 옳지 않을 것이다. 오히려 자연선택설 그 자체에 역행하는 억제 기능을 하는 어떤 구조(이 경우 격리라는 말은 정확하지 않을지도 모른다)가 정해져 있다고 생각해 보면 어떨까? 억제 기능을 하는 여러 구조 가운데 초보자들이 쉽게 이해할 수 있는 것이 바로 앞에 나온 지리적인 격리라고 생각해도 될 것이다.

진화론도 진화한다

앞에서 '조화로운 변화'라는 알기 어려운 말을 사용했다. 이 말은 역행이 일어나지 않는 자연의 구조가 유전자 시스템에 따라 처음부터 어떤 형태로 만들어져 있었다는 뜻을 담고 있다. 그러면, '어떤 형태'란 무엇일까? 그것이 지금부터의 과제이다. 1930년대부터 1940년대에 걸쳐 유전자로서의 DNA가 모습을 드러내기 시작할 무렵, '종합 이론'이 등장해 자연선택 만능의 진화론을 생물학의 무대에서 눈부시게 전개시켰다. 공업 흑화한 나방 등은 이 무대에서의 스타였다. 그러나 거기에도 여러 가지 문제점이 숨어 있다는 것은 지금까지 살펴본 대로이다. 그렇다고는 해도 스타가 완전히 몰락해

그림 9 **분자 진화의 중립설**
기무라 모토(1924~1994년)에 의한 분자 진화의 중립설이라는 사고방식. 집단 내에 중립한 돌연변이가 어느 정도 나타난다. 그중 유전적 부동이 가득한 우연에 따른 돌연변이는 고정되지만(굵은선), 그 이외(가는선)는 없어진다.

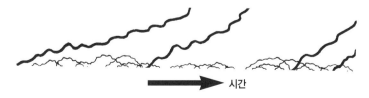

시간

흘러간 옛 과거가 된 것은 아니다. 학설은 항상, 자신의 약점을 점검해 개량해 나간다. 틀에 박힌 말일지는 몰라도 '진화론도 진화한다'는 것이다.

이 책에서는 언급할 여유가 없었던 '중립 진화론' 등도, 최근의 연구 결과가 반영되어 수정된 이론 중 하나이다. 이 이론에 따르면, 자연선택의 압력에는 좌우되지 않는 미세한 변이가 유전자 수준에서 임의로 축적되기도 하여 새로운 기능을 맡게 되는 일도 있다고 한다. 임의의 축적이 어떻게 새로운 기능을 맡게 되는지는, 이후 더 많은 데이터에 의해 보강되어야만 한다. 새로운 기능을 가지고 데뷔하는 유전자에는, 앞서 이야기한 바와 같은 '진화 가능성'의 무대가 준비되어 있다는 줄거리도 현재 모색 단계이다. '종의 시작'과 관련된 문제는, 아직은 여러 가설 단계에 머문 채 구체적인 이론에 대한 형태를 잡아 가기 시작한 상태이다.

7장

인류는 어떻게 시작되었나?

최근의 연구 결과에 따르면 인간의 게놈은 침팬지와 98.6%가 일치한다고 밝혀졌다. 고작 2%도 안 되는 차이가 인간과 침팬지를 갈라놓은 것이다. 그렇다면 우리 인간의 직계 조상은 어디에서 탄생했고, 언제 침팬지와 다른 길을 걷기 시작한 것일까? 일반적으로 인간의 조상은 아프리카에서 탄생했다는 '아프리카 기원설'이 우세하다. 하지만 최근 새로운 화석이 발견됨에 따라, 인류의 기원과 관련된 물음은 더 복잡해졌다.

공룡 시대에 살았던 우리의 선조

지금으로부터 약 7000만 년 전, 지구에 공룡이 활보하던 시대에 나무 위를 분주하게 돌아다니는 작은 동물이 나타났다. 긴 꼬리와 큰 눈, 튼튼한 턱, 그리고 지금의 여우처럼 날카로운 이빨을 가진 이 동물은 낮에는 포식자에게 잡히지 않기 위해 나뭇가지의 그늘진 곳에서 쉬고, 밤이 되어 어두워지면 먹이를 찾아 잽싸게 뛰어다녔을 것이다. 그들은 곤충을 잡아먹거나 나무열매를 먹거나, 때로는 작은 공룡의 알을 훔치거나 했을지도 모른다. 쥐나 다람쥐를 닮은 이 작은 동물이야말로 최초의 영장류, 즉 우리 인류의 먼 선조라고 여겨지고 있다.

그 후 거대한 운석의 충돌 때문에 지구의 환경이 격변해 공룡이 멸종한 백악기 말(6500만 년 전)을 지나면서도 불구하고, 이 영장류는 더 오래 살아남을 수 있었을지도 모른다. 그들은 동료를 점차 늘여 갔으며, 일부는 이전보다 몸이 훨씬 커졌다. 지금의 고릴라나 침팬지를 닮은 유인원처럼 진화해 가는 과정에서, 나무 위를 거뜬히 날아다니는 대신 부드럽고 튼튼한 손가락으로 가지를 잡고, 가지에

그림 1 **공룡과 포유류의 조상**
여러 종류의 공룡이 지상을 지배한 중생대 백악기의 숲에서, 공룡과는 전혀 다른 종인 작은 동물이 나무 사이에 숨어 서식하고 있다. 그들은 6500만 년 전 공룡이 멸종한 뒤에 크게 번성했으며, 후에 우리 인류를 만들어 내게 된 영장류(포유동물)의 선조였다.
그림: 얀 소바치 / 아자와 사이언스 오피스

서 가지로 민첩하게 옮겨 다니면서 이동하는 데 적합한 몸의 구조와 기능을 갖췄다. 그러나 멀지 않아, 우리의 이 선조에게 제2의 전환기가 찾아왔다.

그림 2 **운석 충돌**
지구는 역사상 여러 차례 소행성이나 혜성의 충돌을 겪었으며, 그때마다 생물은 환경의 대변동을 겪었다.
그림: NASA

동아프리카 지구대는 인류의 고향

아프리카 대륙의 동부를 남북에 종단하는 동아프리카 지구대는, 총 길이가 7000km나 되는 '대계곡'이다. 지구대의 폭은 평균 50~60km, 때로는 100km에 달하고, 아랫부분은 녹색으로 덮인 광대한 벌판이며 많은 호수와 늪이 흩어져 있다. 약 3000만 년 전, 판*을 움직이는 지구 내부의 거대한 힘에 의해 아프리카 대륙과 아라비아 반도가 분리가 되기 시작했을 때, 아프리카 동부도 함께 떨어져 나가, 지금과 같은 지구대가 형성되기 시작했다. 그리고 800만 년 전에, 지구 내부에서 솟아난 맨틀의 힘에 의해 지구대 주변이 융기하기

■ 1960년대에 등장한 지구물리학 개념이다. 지구 표면을 알껍데기와 같이 강체의 성질을 가진 리소스페어(지각과 맨틀 최상부를 맞춘 층)가 몇 개의 부분으로 갈라 덮고 있다는 견해인데, 그 한 장 한 장을 판이라고 부른다. 판의 운동을 설명하는 모델이 판 구조론이다.

사진 1 동아프리카 지구대
아프리카 대륙 동부의 동아프리카 지구대. 지각의 대변동에 의해 생겨난 이 대계곡의 주변에 살던 영장류
가 직립보행을 시작한 까닭은 무엇이었을까?
사진: NASA

유인원(침팬지)과 인간의 골격 비교

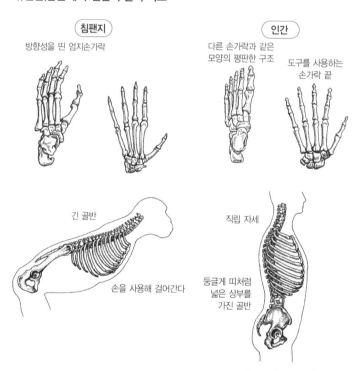

침팬지

방향성을 띤 엄지손가락

인간

다른 손가락과 같은
모양의 평판한 구조

도구를 사용하는
손가락 끝

긴 골반

손을 사용해 걸어간다

직립 자세

둥글게 띠처럼
넓은 상부를
가진 골반

그림 3 **직립보행의 이미지**
네 발로 걷는 영장류가 직립하여 걷게 된 것이, 인류의 진화를 앞당겼다고 생각된다.
그림: 야자와 사이언스 오피스

시작했다. 그 결과 아프리카 동부의 기후는 크게 변화하기 시작했다.

서쪽에서 동쪽으로 향하는 비구름은, 융기에 의해 생겨난 산맥의 방해를 받아, 아프리카 동부에 비를 내리지 못하게 되었다. 그 결과, 풍부한 강수량 덕분에 자라던 아프리카 동부의 열대 우림대가 건조해졌다. 울창한 수풀은 사라지고, 대신에 드넓은 사바나(초지)가 퍼지기 시작했다.

이렇게 해서 지구대의 동쪽(인도양 쪽)에 남겨진 유인원들은, 새로운 환경에 익숙해질 필요가 있었다. 사바나를 흐르는 강, 늪이나 호수의 물가에는 크고 작은 삼림이 아직 남아 있었지만, 유인원들의 생활공간으로서는 충분하지 않았다. 그 때문에 그들은 물이나 식량을 구하기 위해 흩어져 있는 수풀과 수풀 사이의 드넓은 녹지를 떠돌아다녀야 했다. 몸을 숨길 나무가 없는 초지를 민첩하게 가로지르는 능력(그중 하나가 두 다리로 직립하는 것이었다)이야말로 우리 인류의 선조를 만든 요인으로 여겨진다. 이것은 '사바나설' 혹은 유명한 뮤지컬 〈웨스트사이드 스토리〉에 빗대어 '이스트사이드 이야기'라고 불린다.

지금까지가 많은 인류 진화 연구자들에게 받아들여진 인류 기원의 시나리오이다. 최근 이 사바나설이 잘못되었다는 견해가 강하게 부각되기도 했는데 그 이유에 관해서는 나중에 이야기하기로 하고, 우선 인류의 선조가 왜 직립했는지를 살펴볼 필요가 있다.

인간은 기묘한 형태를 하고 있다?

생물의 몸의 형태(형태학)를 연구하는 사람들의 눈에는, 인간의

그림 4 **펭귄의 걸음걸이**
펭귄은 육지에서는 얼핏 직립보행을 하는 것처럼 보이기도 하지만, 실제로는 아래처럼 무릎을 크게 구부려 웅크린 채로 걷는다.

형태가 대단히 부자연스러운 것이라고 한다. 물론 지구상의 생물 중에는 서로의 공통점을 찾아보기 힘든 것들도 많이 있다. 그중에는 상상하기조차 힘들 정도로 기이한 모습으로 살아가는 생물도 있으므로, 생물의 형태를 두고 이상하다는 말을 하는 것이 오히려 이상할 수도 있다.

그런 점을 감안한다고 하더라도 인간처럼 안정감이 부족한 형태를 가진 생물은 거의 찾아보기가 힘들다. 가구의 다리를 가느다란 막대로 만들어 평탄한 곳에 세우려면 다리가 적어도 세 개 이상이 필요할 것이다. 만약 세 개를 구할 수 없다면 아랫부분을 넓은 평면으로 만들어 안정성을 확보해야 할 것이다. 그런데 인간은 두 다리로 설 수 있고, 다리 바닥 부분도 안정감을 유지할 수 있을 정도로 넓지가 않다.

지금 육지에 사는 동물 중에서, 평소 중력에 거슬러 몸 전체를 이

그림 5 **두 다리로 걷는 것의 이점**
인간의 눈은 다른 많은 동물과 비교해 꽤 높은 곳에 있다. 그 덕분에 시야도 넓어지고 시력도 발달했다.

와 같이 지면과 수직으로 세워 생활하는 것은 인간뿐이다. 언뜻 보면 펭귄도 두 발로 서 있는 것처럼 보이지만, 사실 그들은 원래 물속에서 생활하며 육지로 올라오는 경우에는 다리를 구부린 채로 직립 자세를 취하기 때문에 온전한 의미에서 두 발로 서 있다고 할 수 없다. 게다가 서 있을 때는 대개 꼬리를 지면이나 얼음 면에 붙여 안정을 유지한다.

우리의 선조에게도 두 발로 직립해 생활하는 것은 문자 그대로 혁명적인 일이었다. 두 발로는 몸을 겨우 움직일 수 있기 때문에 몸이 불안정하게 되고, 또 심장이나 폐 등 중요한 장기가 정면으로 향하게 되기 때문에, 포식동물의 공격에 약점으로 작용한다. 한편 두 발로 서면 유리한 점도 있다. 머리의 위치가 높아지기 때문에 먼 곳까지도 볼 수 있게 되는 것이다. 덕분에 인간은 다른 동물들보다 더 빨리 위험을 감지할 수 있고, 또 생존에 필요한 것들을 효과적으로 찾아낼 수 있게 되었다.

그리고 걷거나 서거나 하는 동작 덕분에 두 팔이 해방되었기 때문에, 사물을 잡거나 운반하는 등의 일이 대단히 쉬워졌다. 이로 인해 도구를 만들어 사용하는 것이 가능해졌다. 도구를 제작해 개량하고, 새로운 도구를 발명하는 생활을 하는 과정에서 손끝은 더욱더 예민해지고, 뇌의 발달도 촉진된 것이다. 앞서 소개한 사바나설에 따르면 인간에게 직립보행이 발달한 것은 초지를 가로지를 능력이 필요했기 때문이라고 한다. 하지만 직립보행을 하기 위해 반드시 사바나와 같은 자연 환경이 필요한 것은 아니라고 생각하는 학자들도 있다.

예를 들면 침팬지 같은 동물들도 나뭇가지에 열린 과일을 잡기 위해서 일어선다. 따라서 이러한 유인원 중 일부가 평소에도 두 발로 걷게 되었다는 주장을 할 수 있다. 또 몸과 지표면 사이에 간격이 생기면 중요한 장기를 서늘하게 유지하기도 쉬웠다. 다른 동물과의 생존 경쟁에서도 직립보행이 유리하게 작용했다거나 혹은 집단 내에서의 생활 방식이나 성행위가 직립보행을 하도록 진화하게 했다는 견해도 있다. 직립보행과 관련해서는 그밖에도 지금까지 여러 가지 의견이 제안되었지만, 직립보행이 뇌를 고도로 발달하게 했다는 점에서는 모든 인류학자가 거의 공통된 인식을 하고 있다.

처음으로 직립보행을 한 것은 언제인가?

우리의 선조는 언제 두 발로 일어서서 인류를 향한 첫걸음을 내딛었을까? 그것은 어쩌면, 아프리카 대륙에서 동아프리카 지구대의 융기가 시작되고 나서 상당한 시간이 경과한 후, 즉 지금으로부터 600만~800만 년 전이라고 추정된다. 2001년, 프랑스 푸아티에 대학교의 미셸 브뤼네 교수 연구팀은, 아프리카 중앙부의 차드에서 유

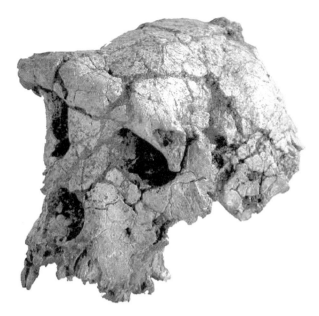

사진 2 **투마이의 두개골 화석**
2001년에 아프리카 중앙부 차드에서 발견된 유인원과 인류의 중간적 특징을 가진 투마이(사헬란트로푸스)의 화석.
사진: M. P. F. T

인원과 인류의 정확히 중간적인 특징을 가진 화석을 발굴했다. '사헬란트로푸스(애칭은 '투마이'인데, 차드 현지에서 건기 직전에 태어난 아이에게 붙이는 이름이다)'라고 명명된 이 인류의 선조는 양서류나 물고기, 악어, 코끼리, 쥐 등의 화석과 함께 발견되었다. 따라서 투마이는 어쩌면 호수 근처에 살았으며 주위는 수풀이나 초지 등이 펼쳐진 다양한 자연 환경이었을 것으로 보인다.

투마이의 뇌는 현생 인류가 평균 1300세제곱센티미터 정도 크기의 뇌를 지닌 것에 비해 320~380세제곱센티미터밖에 안 될 정도로 작다. 지금의 침팬지와 거의 같은 정도다. 이 인류 화석의 발견 덕분에 인류의 역사는 그때까지 알려진 것보다 단숨에 100만 년 정도 과

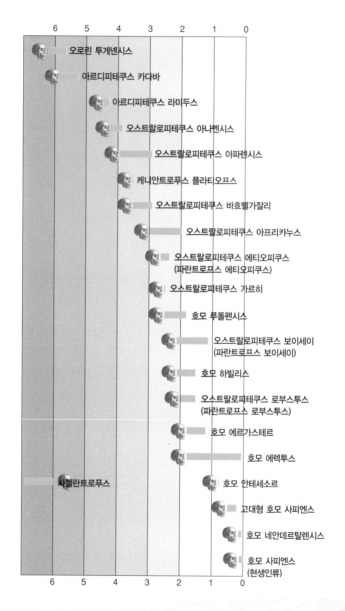

그림 6 아프리카 대륙에서의 인류 화석 발견사

아프리카에서 발굴된 인류의 선조들을 시대순으로 나열한 것. 가장 오래된 화석은 지금부터 약 700만 년 전의 것으로 추정된다.

자료 : 마이클 시에베(2002)

거로 거슬러 올라가게 되었다. 투마이는 600만~700만 년 전에 살았던 것으로 추정되는데, 이것은 당시까지 발견되었던 약 440만 년 전의 라미두스 원인(알디피테쿠스 라미두스. 후에 580만 년 전으로 정정되었다)보다 오래되었다는 계산이 나온다.

게다가 투마이는 유인원에 비해 송곳니가 작다는 것과 그 밖의 몇몇 골격의 특징으로 보아 직립보행을 했을 가능성이 높다고 한다. 하지만 이 화석은 인류가 아니라 유인원이라고 주장하는 연구자도 있다. 투마이가 발견되기 1년 전, 케냐에서도 약 600만 년 전의 인류 선조의 화석이 발견되었다. '오로린'이라고 이름 붙여진 이 최초기의 인류는 나무를 잘 탔을 뿐만 아니라, 직립보행도 한 것으로 추정된다.

사바나설은 잘못된 것일까?

그렇지만 여기에서 사바나설과 관련해 곤란한 문제가 발생했다. 오로린은 차치하고라도 투마이도 아프리카 중앙의 차드에서 발견되었다. 이것은 사바나설과는 전혀 맞지 않는 사실이다. 사바나설은 지구대를 경계로 그 동쪽으로 인류가 진화했다고 보지만, 차드는 지구대에서 아득히 먼 서쪽이다. 게다가 주거지는 호수의 주변으로 보였다. 즉 최초의 인류는 사바나에 살지 않았던 것 같아 보인다는 것이다. 오로린의 경우, 그리고 조금 시대를 내려와 라미두스 원인의 경우에도, 발견된 곳은 분명 동아프리카이긴 하지만, 골격의 특징이나 함께 발견된 식물의 화석 등으로 볼 때, 숲에서 생활했을 가능성이 높아 보인다.

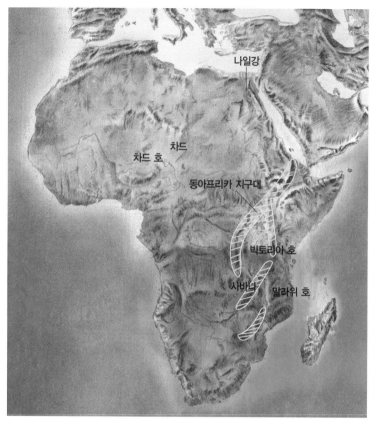

그림 7 **아프리카 대륙과 투마이의 고향**
2001년에 발견된 투마이는, 아프리카 중부 차드에서 발견되었다. 이 발견은 인류가 동아프리카의 사바나에서 탄생했다고 보는 사바나설에 의문을 던졌다.

　인류가 처음 동아프리카에서 탄생했다고 하는 가설은, 당시까지만 해도 이 지역 밖에서는 초기 인류의 화석이 발견되지 않았기 때문에 나온 것이었다고도 할 수 있다. 그렇지만 어떤 생물의 화석이 특정 지역을 벗어난 장소에서 발견되지 않았다는 것을 근거로 그 생물이 거기에만 살았다거나 그곳이 바로 진화의 장소라고 해서는 안 된다.

생물의 사체가 모두 화석이 되는 것은 아니다. 사막이나 강바닥 같은 곳에서는 사체에 산소가 공급되기 어려운 데다 사체를 분해하는 미생물이 적기 때문에 뼈가 화석으로 변화하기도 한다. 그러나 열대 우림 등에서는 토양 속 미생물이 뼈까지도 분해시켜 버리기 때문에, 화석이 남는 일이 드물다. 즉, 예를 들어 초기의 인류가 아프리카의 열대 우림에 살았다고 하더라도, 그 자리에서 증거가 발견되는 일은 매우 드물다는 것이다.

어쩌면, 사바나설이 주장하는 것처럼, 동아프리카 지구대의 지각 활동이 아프리카의 유인원이 살던 환경을 변화시켰고, 그 결과 유인원에게 인류 진화의 길이 열렸을 수도 있다. 그럼에도 투마이나 오로린 등을 생각해 볼 때, 인류는 건조한 사바나에서 탄생한 것이 아니라 오히려 초지가 딸린 삼림에서 태어났다고 보는 쪽이 자연스럽다. 최근에는, 동아프리카가 우리 인류의 '고향'이라는 기존 견해가 잘못되었다고 지적하는 연구자들도 적지 않다.

침팬지와 인류는 작지만 큰 차이가 있다

그런데 침팬지와 인류는 매우 가까운 관계에 있지만, 우리가 가끔 오해하는 것처럼, 침팬지에서 바로 인류로 진화했을 리는 없다. 침팬지와 인류의 공통 선조(유인원의 일종)가 진화 과정에서, 한쪽은 침팬지로, 다른 쪽은 인류로 진화했다고 여겨진다(그림 8). 그 공통 선조가 언제 어디에서 나타났는지도 명백하지 않다. 지금까지는 유라시아 대륙에서 태어났다는 의견이 유력했는데, 최근에는 아프리카 대륙이라는 견해도 나오고 있다.

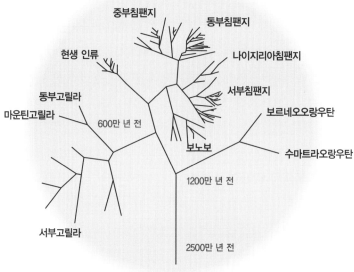

그림 8 **유전자의 의한 유인원의 진화 계통수**
유전자 연구를 토대로 그린 이 계통수는 유인원의 공통 선조에서 어떻게 오랑우탄, 고릴라, 침팬지, 그리
고 인류가 갈라져 나와 진화했는지를 나타낸다. 막대의 길이는 유전자적 차이의 크기에 비례한다. 인류와
침팬지(보노보를 포함한다)가 매우 가까운 관계인 것을 알 수 있다.
자료: 짐머(2001)

조금 샛길로 벗어난다면, 최근의 연구 결과는 침팬지와 인간의 게
놈(유전자를 제조하는 DNA 전체)이 98.6%가 일치한다는 것이 명백해
졌다. 즉 양자의 유전적인 차이는 1.5% 이하라는 것이다. 그렇다고
는 해도, 이 숫자에서 우리가 느끼는 비슷하다는 느낌과는 달리, 유
전자의 기능 차이는 크다. 예를 들면 유전자 200개 정도를 조사한
결과, 같은 역할을 맡은 유전자는 20% 정도밖에 없는 것으로 알려
져 있다.

유전자 DNA나 그 밖의 생체 분자의 차이에서 생물종의 분기 년

대를 추측하는 '분자시계'를 이용해 연구한 결과를 보면 침팬지와 인류의 분기는 500만~700만 년 전에 시작된 것으로 추측된다. 한편 초기의 인류로 여겨지는 오로린이나 투마이가 600만~700만 년 전에 살았다고 추정되어 분자시계를 활용한 추정치와는 다소 차이가 생긴다. 하지만 분자시계건 화석의 연대 측정이건 둘 다 극히 오래전의 연대를 정확히 측정하는 것은 불가능하다. 따라서 이러한 불일치를 큰 모순이라고 잘라 말할 수는 없는 법이다. 그렇다면 아프리카 대륙에서 태어난 투마이나 오로린 등의 초기 인류는, 그 후 어떠한 진화의 길을 밟아 왔을까?

진화는 직선적이지 않다

일찍이 교과서에 쓰여 있는 인류의 진화는, 지금에 와서 보면 대단히 단순한 것이었다. 과거의 교과서에는 수백만 년 전 아프리카에서 오스트랄로피테쿠스 같은 원인이 출현해 세계 여러 지역으로 퍼져 나갔고, 그들의 자손에게서 북경 원인이나 자바 원인 등의 원생 인류가 등장했으며, 그들이 후에 네안데르탈인 등의 고인류를 거쳐, 최종적으로 크로마뇽인과 같은 신인류(호모 사피엔스)가 되어 전 세계로 퍼져 갔다고 쓰여 있었다.

그렇지만 이런 식의 직선적인 진화관은 이제 완전히 구닥다리가 되어 버렸다. 진화는 그렇게 단순하고 알기 쉬운 것이 아니다. 예를 들면, 지금의 호모 사피엔스보다 뇌가 컸던 네안데르탈인은 약 3만 년 전까지 살고 있었지만, 호모 사피엔스로 진화하지 못한 채 멸종한 것으로 보인다(이 둘이 동시대에 살았다는 것은 분명하다. 따라서 혼혈아

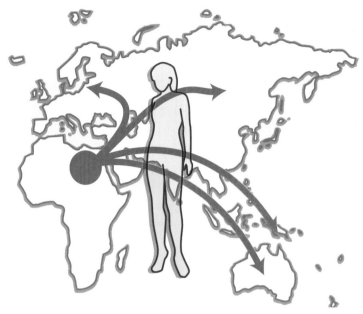

그림 9 **아프리카의 이브설**
현생 인류는 모두 아프리카의 이브에 기원이 있다?

가 태어났을 가능성은 남아 있다). 네안데르탈인은 사냥을 하고, 무덤에 꽃을 바치는 등의 매장 습관을 가진 '문화적' 인 사람들이었다.

　네안데르탈인과 호모 사피엔스가 살던 시대를 고고학적 지식을 총동원하여 묘사해 세계적인 베스트셀러가 된 소설《대지의 아이 에이라》에서는, 네안데르탈인이 대단히 우수한 기억력을 가졌지만 추상 개념이나 발명에 서툰 것으로 묘사되어 있다. 실제 그것이 진화의 막다른 곳에 처하게 된 이유인지도 모른다. 인류는 거주 지역을 넓혀 감에 따라 점점 더 다양해졌을 것이다. 그 과정에서 네안데르탈인과 같은 '진화의 막다른 곳' 은 아마도 여러 차례 있었을 것이다. 그것은 다른 여러 가지 생물종을 보면 추측할 수 있다.

그렇지만 우리는 어디가 막다른 곳이 되었는지, 진화의 어떤 가지가 현생 인류까지 계속 이어졌는지에 대해서는 거의 알지 못한다. 지금까지 인류의 선조로 보이는 많은 화석이 발견되었지만, 그것들 대부분은 일부 뼛조각에 불과할 뿐, 전신 골격이 나온 예는 거의 없다. 하물며 과거 인류의 모든 화석이 발견될 리도 없다. 그 때문에 과거의 인류들이 서로 어떠한 관계였는지, 그리고 현생 인류와 어떤 관계였는지를 분명하게 밝히는 것은 매우 어려운 일이다. 그중에서 가장 확실한 것은, 현생 인류의 모든 직계 선조는 10만~20만 년 전에 아프리카에서 탄생했다는 '아프리카의 이브' 설일 것이다.

20만 년 전의 아프리카 여성이 '인류의 어머니'인가

아프리카의 이브설은 '아프리카 기원설'이라고도 불린다. 이것은 지금의 인류(호모 사피엔스)가 아프리카에서 탄생했고, 그들이 전 세계로 퍼져 나갔다는 가설이다. 180만~150만 년 전에 아프리카에서 태어난 원인(호모 에렉투스)은 신천지를 찾아 아시아나 유럽으로 이주했다(그림 9). 그 후 그들은 여러 갈래로 진화했다. 한편 아프리카에서는 환경에 대한 적응력이 더 높아져, 도구를 다룰 수 있게 된 호모 사피엔스가 태어났다.

약 20만 년 전, 진취적인 성격의 호모 사피엔스는 자신들의 먼 선조와 마찬가지로 아프리카 대륙을 떠나 아시아 대륙이나 유럽 대륙으로 퍼져 나갔다. 아시아나 유럽에 먼저 도착해 있던 원인이나 구인류의 자손은, 머지않아 절멸하거나 새로운 호모 사피엔스에 의해 쫓겨나고 말았다. 그리고 아프리카에서 태어난 이 호모 사피엔스가

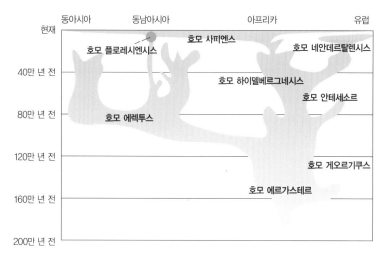

| | 동아시아 | 동남아시아 | 아프리카 | 유럽 |

그림 10 **인류의 진화 계통수(원인 이후)**
원인(호모)의 진화 계통수. 새로운 화석이 발견될 때마다 계통수는 복잡해진다. 이 도면에서는, 현생 인류 (호모 사피엔스)는 아프리카 기원의 원인에서 진화한 것으로 보인다.
자료: Lahr & Foley(2004)

바로 현생 인류 전체의 선조가 되었다는 것이다. 즉 이 견해를 따른 다면, 인류는 적어도 아프리카를 두 번 떠났으며 그때마다 세계로 퍼져 나간 셈이 된다.

이 가설은 앞서 이야기한 분자시계를 활용한 추측이다. 세포 안에 있는 미세 기관인 미토콘드리아는 우리 몸에 필요한 에너지를 생산 하는 중요한 장치이다. 미토콘드리아의 유전자는 기본적으로 어머 니의 것과 같다. 아버지의 미토콘드리아, 즉 정자의 미토콘드리아는 수정될 때 파괴되어 버리기 때문이다. 미토콘드리아를 조사하면, 모 계의 선조를 아득히 먼 곳까지 거슬러 올라갈 수 있을 것이다.

미국의 앨런 윌슨 등은 그래서 세계 여러 나라 사람들의 미토콘 드리아에 있는 DNA를 조사했다. 그 결과 현재 살고 있는 모든 사람 들이 약 20만 년 전에 아프리카에서 산 한 명의 여성(《구약 성서》에

나오는 '최초의 여성'인 이브라는 이름이 붙여졌다)의 자손이라는 결론
이 나왔다. 이와 같은 결론은 최근에 남성의 성염색체(Y염색체) 연
구를 통해서도 나왔다. 세계 남성의 Y 염색체를 조사하자, 현생 인
류가 7만 년쯤 전에 아프리카를 출발한 것이 명백해진 것이다. 그리
고 남성 수는 약 2,000명에 지나지 않았던 것 같다(여성의 수는 불분
명하다).

아프리카 기원설과 다지역 기원설

그러나 이 새로운 아프리카 기원설을 받아들이지 않는 연구자들
도 적지 않다. 확실히 여러 화석 증거 등을 볼 때, 아프리카에서 이
주한 호모 사피엔스가 이전부터 유럽에 살던 원인이나 구인류를 대
체한 것처럼 보인다. 그런데 오스트레일리아나 아시아에서는 반드
시 그렇지만도 않다. 화석의 형태 등을 보면, 오스트레일리아나 아
시아에서 살던 원인들은 그대로 현 원주민들에게로 이어진 것처럼
보인다. 그래서 아시아나 오스트레일리아를 중심으로 화석 연구를
해온 연구자 대부분은, 아프리카에서 현생 인류가 전부 탄생한 것이
아니라, 아시아나 오스트레일리아서는 각각 독자적으로 호모 사피
엔스로 진화했다는 '다지역 기원설'을 주장하고 있다. 이 문제는 아
직도 결론이 나지 않았다. 그러나 일부 화석의 특징 등을 볼 때, 앞
서 설명한 새로운 아프리카 기원설이 유력해져 가는 것 같다.

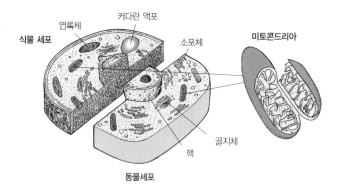

식물 세포
연록체
커다란 액포
소포체
미토콘드리아
골지체
핵
동물세포

동물이나 식물의 세포 속에는 미토콘드리아라고 불리는 다수의 세포 소기관이 들어 있다. 이 소기관은 독자적으로 미토콘드리아 DNA를 가지고, 그 변화를 추적하면 갈라져 나온 연대를 알 수 있다.

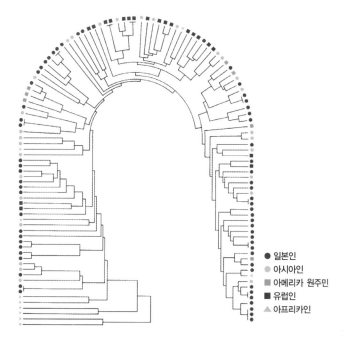

● 일본인
○ 아시아인
■ 아메리카 원주민
■ 유럽인
▲ 아프리카인

여러 민족에게서 채취한 미토콘드리아 DNA에 의한 분자 계통수. 초기에 갈라져 나온 왼쪽 아래의 그룹은 모두 아프리카인이다.

그림 11 미토콘드리아 DNA에 의한 인류의 계통수

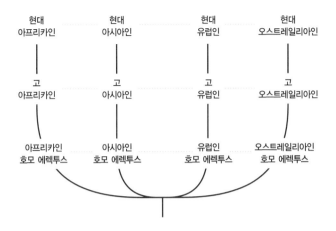

그림 12 **다지역 기원설**
현대인의 선조가 아프리카의 이브가 아니라 각각의 지역에서 독자적으로 진화했다고 주장하는 '다지역
기원설'. 하지만 지금으로서는 이 가설은 불리한 입장에 처해 있는 것 같다.
자료: M. 울포프

인류의 역사는 명백해졌는가?

인류의 기원에 관해서는 아직 알지 못하는 것들이 많다. 그러나 최초의 인류가 아프리카에서 탄생했다는 점에 대해서는 연구자들의 의견이 대부분 일치한다. 그렇지만 앞으로 아프리카 이외의 지역에서 초기 인류의 화석이 발견될지도 모르는 일이고, 따라서 인류의 아프리카 기원설이 확실해졌다고 단언할 수는 없다.

인류가 시베리아에서 탄생했다고 주장하는 러시아 인류학자도 있다. 생물은 온난한 기후에서는 음식물을 얻기 위한 노력을 잘 하지 않는다. 그러나 한랭한 기후에서는 음식물을 얻거나 추위를 피하기 위해 여러 가지 궁리를 해야만 살아나갈 수 있다. 그것이 뇌를 발달하게 했다는 견해이다.

이런 의견을 지지해 주는 것처럼 보이는 다른 문제도 존재한다.

사진 3
한랭한 기후에서 살아가기 위해 인간의 선조는 여러 궁리를 하지 않으면 안 되었다. 이것이 인류의 뇌가 발달하게 된 원인인지도 모른다.
사진: NASA

그것은 인류가 진화를 피한 시대가 지구의 한랭화와 겹쳐 있다는 것이다. 특히 약 200만 년 전에 빙하기가 찾아와 세계의 한랭화가 진행되고 나서 호모 사피엔스가 등장하기까지, 뇌의 크기가 약 두 배로 늘어난 것이다. 만일 아프리카에서 이 정도로 많은 화석이 발견되지 않았다면, 인류는 시베리아에서 탄생했다고 해도 대부분의 사람들은 의문을 가지지 않을 것이다.

화석을 통해서 우리는 인류 역사의 한 순간을 엿볼 수 있다. 그것을 바탕으로 우리는 그 순간부터 인류가 어떠한 진화 과정을 거쳐왔는지를 재현하려고 한다. 과거 20년 동안 잇따라 화석이 발견됨에 따라 인류의 역사가 고쳐 쓰인 것처럼, 앞으로도 새로운 발견이 나오면, 인류의 역사는 언제라도 수정될 가능성이 있다. 그렇지만 그때까지는 이미 발견된 화석에만 의지하여, 사실과 추측을 쌓아 올려 나갈 수밖에 없다.

플로레스 섬의 '난쟁이'

2003년, 인도네시아의 플로레스 섬(그림13)에서 지금까지 알려져 있지 않은 인류의 화석이 발견되었다. 약 1만 8000년 전의 지층에서 발견된 이 화석은 몸집이 대단히 작고 키가 1미터 정도밖에 안 되지만, 그 특징으로 보건대 성인 여성의 것으로 보였다. 놀라운 점은 뇌의 크기가 400제곱센티미터밖에 안 되었다는 점이다. 이것은 가장 오래된 인류인 약 200만 년 전의 투마이와 비슷하다.

발견 당시, 뇌가 매우 작은 것이 질병 때문일 수도 있다고 주장하는 연구자도 있었다. 그렇지만 그 뒤 발견된 화석들도 모두 몸집이 작고 뇌가 작았다. 이 작은 크기의 사람들에게는 '호모 플로레시엔시스'라는 학명이 붙여졌으며, '호비트(난쟁이)'라는 애칭을 선사하였다. 뇌가 작다는 말을 들으면, 지능이 아주 낮을 것으로 생각되기 쉽다. 뇌가 크다는 것은 분명히 지능이 높은 이유 중 한 기준이 될 수 있지만, 뇌과학자들에 따르면 뇌의 구조가 얼마나 복잡한지, 그리고 효율적인 기능을 하는지가 뇌의 크기보다 더 중요하다고 한다.

까마귀는 뇌와 체중의 비율이 유인원보다 작다. 그러나 까마귀는 호두를 길에 떨어뜨려 둔 다음 차가 밟고 지나가 껍데기가 깨지면 알맹이를 먹는 똑똑한 행동을 하기도 한다. 이와 같은 행동은, 까마귀가 유인원보다 오히려 지능이 높을 수도 있다는 것을 보여 준다.

뇌가 작은 호비트들도 불을 사용하고, 정교한 석기를 만들었으며, 섬에 사는 작은 코끼리(소 정도 크기의 스테고돈)나 코모도왕도마뱀을 사냥한 것으로 추정된다. 기술이 뛰어났음을 보여 주는 증거는 이밖에도 많다. 그들의 화석을 보면 사고 중추인 뇌의 전두엽이 발달한 것으로 보인다. 그들은 지능이 높은 작은 인류였던 것이다.

왜 이러한 작은 인류가 진화했는지는 분명치 않지만, '고립된 섬 효과'가 유력시되고 있다. 고립된 섬에서는 살아가는 데 필요한 자원이 제한되어 있기 때문에 대형 동물은 몸이 점차 작아지고, 그것에 의해 종의 보존이 행해졌다는 것이다. 그들은 9만 5000년 정도 전부터 플로레스 섬에서 살고 있었지만, 그 후 약 1만 2000년 전에 이 섬을 공격한 화산 폭발로 멸종한 것 같다.

그림 13 인도네시아의 플로레스 섬

초기 인류들의 이름

아득히 먼 옛날에 살던 인류의 이름(학명을 붙인 것)은 두 단어로 되어 있다. 앞의 것이 '속'명이고, 뒤의 것이 그 보다 좀더 세분된 이름인 '종' 명이다. 현생 인류의 학명인 호모 사피엔스에는 호모가 속명이고 사피엔스 (지혜를 의미하는 라틴어)가 종명이 된다. 그러나 이런 식으로 하면 이름이 길어지기 때문에, 단순히 애칭으로 불리거나 혹은 속명은 생략하고 종명만 으로 불리는 일도 많다.

속명은 처음 발견된 곳과 다른 지역에서 또 화석이 발견되거나, 유연類 緣 관계가 새롭게 밝혀지는 경우 바뀌기도 한다. 그리고 인류학자들마다 서로 다르게 부를 때도 있다. 하지만 종명은 변하지 않는다. 예를 들면 최 근 발견된 라미두스 원인은 처음에는 오스트랄로피테쿠스와 같은 부류에 속하는 것으로 보여, '오스트랄로피테쿠스 라미두스'라고 불렸지만, 현재 는 '아르디 피테쿠스 라미두스'로 바뀌었다. '오스트랄로피테쿠스 보이세 이'라고 불리던 원인도 현재는 '파란트로푸스 보이세이'라고 불린다. 한편 최근 발견된 오로린이나 사헬란트로푸스는 같은 속에 속하는 동료가 발견 되지 않기 때문에, 주로 속명으로 불린다.

옮긴이 **장석봉** 서강대학교 철학과를 졸업하고 현재 단행본 기획과 번역 일을 하고 있다. 옮긴 책으로《동물원의 비밀》《핀볼 효과》등을 비롯해《잊혀진 미래》《닉관적 생각들》《한 권으로 보는 세계문화사전》《회색 곰 왑의 삶》등이 있다.

세상은 어떻게 시작되었나

초판 1쇄 발행 | 2016년 7월 22일

지은이   야자와 사이언스 오피스 지음
옮긴이   장석봉
책임편집   정일웅
디자인   전지은

펴낸곳   바다출판사
발행인   김인호
주소   서울시 마포구 어울마당로5길 17(서교동, 5층)
전화   322-3885(편집), 322-3575(마케팅)
팩스   322-3858
E-mail   badabooks@daum.net
홈페이지   www.badabooks.co.kr
출판등록일   1996년 5월 8일
등록번호   제10-1288호

ISBN 978-89-5561-856-3 03400